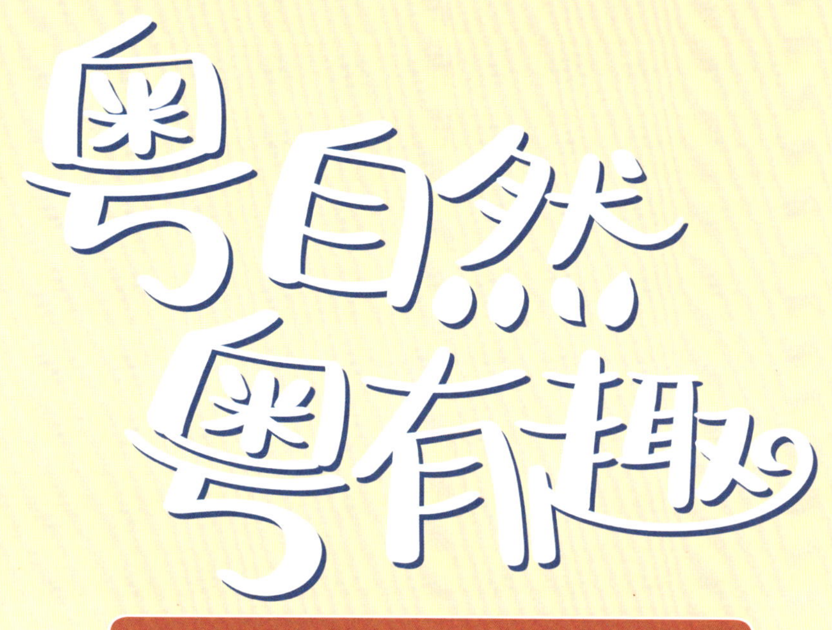

广东省自然教育实践丛书

广东省林业事务中心
红树林基金会（MCF）

组织编写

中国林業出版社
CFPH China Forestry Publishing House

图书在版编目（CIP）数据

粤自然粤有趣 / 广东省林业事务中心，红树林基金会（MCF）组织编写. - 北京：中国林业出版社，2024.8. -（广东省自然教育实践丛书）. - ISBN 978-7-5219-2848-8

Ⅰ. G40-02

中国国家版本馆CIP数据核字第2024WS6666号

策划编辑：肖静

责任编辑：肖静　刘煜

装帧设计：柴鉴云

出版发行：中国林业出版社

（100009，北京市西城区刘海胡同7号，电话83143643）

电子邮箱：cfphzbs@163.com

网址：https://www.cfph.net

印刷：河北京平诚乾印刷有限公司

版次：2024年8月第1版

印次：2024年8月第1次

开本：787mm × 1092mm　1/16

印张：16

字数：280千字

定价：68.00元

编写委员会

组织编写：广东省林业事务中心
红树林基金会（MCF）

主　　编：李　涛 黎　明 闫保华

执　　笔：鄢默澍 邓丹丹 邱文晖

副 主 编（按照姓氏音序排列）：

安　然 陈日强 冯抗抗 黄伟潮 江堂龙 林　冉 刘丽华 刘一鸣 潘云云 彭丽芳 苏春丹 吴毓仪 许建琳 余东亮

参　　编（按照姓氏音序排列）：

安小怡 毕可可 陈廷丰 陈晓冰 陈足金 邓　瑛 冯毅敏 郭　欣 郝珊珊 何平莉 何　韬 胡明毅 黄敏莹 黄　维 黄志宏 黎绘宏 李亚玲 李永良 李志明 梁　炜 梁芷晴 廖海娜 林浩彬 逯俊芳 罗勇志 马揭立 马远锋 莫嘉琪 欧阳宁 庞丽婷 彭　耐 钱　磊 苏叶平 田志辉 王　伟 韦奕英 吴宝霞 夏立漫 谢潮建 谢茵茵 严　格 杨洁琦 叶培昭 叶周杰 余　晶 扎西拉姆 张感恩 张树娥 张　逸 周　庆 朱琼宇 朱志用

参编单位（按照音序排列）：

广东潮州凤凰山省级自然保护区管理处
广东鼎湖山国家级自然保护区管理局
广东江门中华白海豚省级自然保护区管理处
广东省沙头角林场（广东梧桐山国家森林公园管理处）
广东湛江红树林国家级自然保护区管理局
广州动物园
广州市林业和园林科学研究院
韶关市丹霞山管理委员会
深圳市兰科植物保护研究中心

插　　画：梁伯乔 施倩倩 刘丽华 田震琼

本书的照片由参编单位及以下个人提供：

宣俊达 吕　琳 杨洁琦 袁伟强 黄　真 廖志荣 廖汉松 田穗兴

导读

编写背景

广东省自然教育工作充分发挥林业作为生态文明建设主力军的作用，通过绿美广东生态建设，引领提升城乡绿化、美化水平，推进降碳、减污、扩绿、增长，并促进发展方式绿色转型，形成一批可借鉴、可复制、可推广的生态文明建设“广东样板”，持续推进广东省林业高质量发展。

广东省的林业资源丰富，省级自然教育基地有 100 余家，自然教育工作开展起步早、分布广、沉淀多。

自 2020 年起，广东省在全国率先将自然教育纳入林业工程技术人才职称评价体系，亦背负建体系、立标准、做示范和规范行业的重任。自 2021 年起，广东省开展优秀自然教育课程评选工作，收到了众多的优秀自然教育课程，具有专业过硬、特色鲜明、内容有趣、形式创新、本地实践等特征，是多年来沉淀的“广东经验”的重要组成部分。

对外，要输出并推广广东经验，形成示范作用；对内，要规范行业发展，保持行业高质量和可持续性。通过对内和对外“齐步走”，彰显广东省林业的文化效益，开展自然教育，大力推动生态文化建设。

为此，广东省通过面向自然教育基地，征集优秀课程和开展教研工作，组织编写了《广东省自然教育实践丛书》，展示具有广东特色的自然教育课程。

书里的广东自然生态

广东省独特的地理区位孕育了丰富的生物多样性。

作为中国大陆的最南端，北回归线穿过省境，热带和亚热带的气候让广东省拥有多样化的生态系统：郁郁葱葱的茂盛森林，广阔而富饶的大海，山海兼具的地理空间等。贯穿山海间的，有大江大河，有湖泊湿地，还有人们营造的乡村与城市。

多样化的生态系统，造就了物种的多样性。不同的生态环境带来的机会和挑战，孕育出基因的多样性，又支撑着其中物种的多样性，维护着各自的生态平衡。这是动态之美，是平衡之美，是自然的智慧，令人着迷。

编写思路

为了体现广东省的生物多样性之美和自然教育发展之旺盛，我们分别从自然和教育两个维度，在众多的广东省自然教育课程中，选择具有代表性的课程。

从自然的维度，基于生物多样性的考量，从生态系统、旗舰物种、科研科普和地理区位特征等角度，尽可能选择有差异化的特色课程。

从教育的维度，考量课程设计的教学方法、授课者、授课对象、授课场所和课程体系等特征，选择尽可能有不同角度的课程，如有的面向社会公众，有的面向亲子家庭、青少年学生或幼儿园儿童等。

希望课程的多样性选择，能在展示广东省自然教育行业繁盛的同时，为更多的自然教育从业者提供思路和参考。

详见下表：课程特征概览表。

编写过程

先汇再编，第一步是课程的收集和整理，收集广东省最具有代表性的课程，根据自然教育课程设计的原理，进行了最基本的编辑处理。第二步就是课程的正式编辑，笔者邀请了 10 家单位的课程设计者和执行者，从设计的初衷、思路到课程的内容，最后到授课后的反馈和评估，一起进行课程的说课和讨论，在不断地讨论中挖掘和完善，让十节课既独立又形成一个整体，同时也达到了相同的水准和示范作用。

在说课和讨论的过程中，引导员不仅展示了自己的课程，对于遇到课程设计和执行中的难点和重点，还做了深入的交流，共克自然教育课程设计及执行的难题。

课程特征概览表

课程	自然资源对象	特色、旗舰物种	自然保护地类型	生态系统类型	省内属地	教学方法	汇编单位
大自然的拓荒者——苔藓植物	苔藓植物	泥炭藓等	国家级自然保护区	森林生态系统	肇庆市（大湾区）	自然体验、自然解说、探究式学习	广东鼎湖山国家级自然保护区管理局
探秘兰谷，遇见“兰精灵”	兰科植物	建兰、兜兰等	专类物种保护研究中心（迁地保护）	人工生境	原生地广布	自然体验、自然解说、探究式学习	深圳市兰科植物保护研究中心
探访最美古木棉	园林植物	木棉	市政公园	城市生态系统	广州市（省会）	自然体验和自然解说	广州市林业和园林科学研究院
探秘红树林	红树林	红树植物	国家级自然保护区	红树林湿地生态系统	湛江市（粤西）	自然体验和自然解说	广东湛江红树林国家级自然保护区管理局
凤凰山里的四脚精灵	兽类	中华穿山甲	省级自然保护区	森林生态系统	潮州市（粤东）	自然游戏和自然创作	广东潮安凤凰山省级自然保护区管理处
鸟儿与深圳湾的约定	鸟类	迁徙鸟类	市政公园	湿地生态系统	深圳市（大湾区）	自然体验和自然解说	红树林基金会（MCF）
海豚来了	兽类	中华白海豚	省级自然保护区	河口生态系统	江门市（大湾区）	探究式学习	广东江门中华白海豚省级自然保护区管理处
动物园奇妙夜	动物	多种动物	动物园（迁地保护）	人工生境	广州市（省会）	夜间观察、自然体验和自然解说	广州动物园
小小丹霞科考员	地质	丹霞地貌	国家级自然保护区与管理委员会模式	丹霞地貌区群落和生态系统	韶关市（粤北）	自然体验、科学探究和自然解说	韶关市丹霞山管理委员会
森林嫌疑人“X”的现身	生态系统	多种生物类型	国家森林公园	森林生态系统	深圳市（大湾区）	探究式学习	广东省沙头角林场（广东梧桐山国家森林公园管理处）

如何阅读本书

1. 教学背景——用课程设计背景理解课程的目标

教学目标是自然教育课程设计的航标灯，各个活动环节都要围绕它进行。而教学目标的设定，往往与当地想用自然教育解决的问题有关。

汇编过程中，我们发现课程背景呈现出的是从业者做自然教育的不同角度和初衷，如面临的保护问题、教育问题或者环境议题。这与各类机构的性质、保护地所承载的功能是相关的。

了解这部分内容，可为理解课程目标做好铺垫。

2. 教学信息——简洁明了的概况汇总

教学信息包含的内容很多，均是我们在做课程设计时需要设定的各项信息，如目标、对象、场地、时长等。

其中，目标是我们在设计课程时最重要的部分。教学方法是为了教育目标的达成而设计的，同样的目标可以用不同的路径达成，也就是用不同的教学方法实现。因此，设定好目标之后，课程设计也就有了方向。

此书目标的设定参考环境教育五大目标，会通过觉知目标、知识目标、态度目标让参加者了解和感受自然，还会通过技能目标和行为目标让参加者在自然中直接体验时培养环境友好行为。不拘泥于知识传授、注重亲身体验毕竟是自然教育强调的一个核心部分，也是自然教育的魅力之一。虽然本次汇编中有个别课程涉及植物的采集，但是我们强调尽量不采、尽量少采以及使用完回归自然的原则，回应行为目标中的环境友好行为。

其他的信息也与课程设计息息相关。不同的教学对象有不同的学习和认知特点，不同的场所和时间也应该有因地制宜的设计内容。

3. 教学框架和教学流程——“地图”和“指南针”

教学框架就像一幅地图，把课程完整的样子呈现在眼前，能够展示全局。而教学流程则是指南针，让我们从起点出发，到达达成教学目标的终点。

在教学流程里，有一部分内容是“引导及解说内容”。这一部分内容的设定是为了展示在日常教学实践过程中“我是这样做的……”，帮助读者更全面地理解课程设计及实践的内容。因为除了把“你可以这样做……”告诉读者，用“我是这样做……”的做示范，能提供更直观的参考。

4. 教学实践——已经在做的和可以做得更好的

教学实践收集了目前各个课程开展的情况，包括场次、模式、授课者和参加者（即教学对象）的各种感受与反馈。

如果说前面三个部分的内容相对理性和客观，那么在教学实践这部分，读者会看到感性和主观的内容。感性来自对自然、对教育的情感。对自然的情感是包含在课程的态度目标中的，因此也是教学实践中我们看重的内容之一。而对课程的情感、评价或者态度，会推着我们对课程不断迭代更新。这两方面从各自角度都在促进我们成为更好的自己，成就更好的课程，让更多人热爱自然，一起守护自然。

在教学实践中，这些课程也仿佛更立体和生动了，我们听到了大自然在欢歌，听到了热爱自然的人们在惊叹。

5. 课程评估——播撒种子，静待种子发芽

自然教育就像在播撒种子，让尽可能多的种子发芽是我们更高的使命，这就要求我们的教育成效能够更切实地达成。随着自然教育在生态文明建设中越来越受重视，被大家逐渐了解和认可，我们有更多施展空间之后，更需要花时间精力去提升我们的教育成效。通过课程评估，既可以考量教学目标达成情况，又可以沉淀经验教训，推广切实有效的实践，以获取更多支持和参与。

评估的方式有很多，从课程现场参加者对课程内容的掌握程度，到课后是否践行环境友好的生活习惯；从课程现场参加者是否尊重生命，到后续是否愿意为此付出保护行动，都可以是课程评估的信息来源。

目前，从参加者评价和满意度调查着手，是比较多的课程在采用的形式，但是这些评价和调查并不是都能一一回应教学目标，不一定能有效支持真正的课程评估。不过，整体

而言，大家都在往越来越专业的方向发展，也希望目前不同的评估方法可以为读者提供不同的参考。

6. 延展阅读与机构介绍——有限的篇幅，无限的可能

在这两个部分，我们希望呈现出更全面的信息，如具体的知识补充、书籍推荐和机构介绍，其中不乏参编单位自有的出版物和读物。这些资料中包含大量来自一线的一手信息，包括博物学、生态学、地质学、植物学、动物学、保护学等众多不同学科的内容，为我们打开了视野和思路。自然教育本身就是一个跨学科的领域，正如我们的生态系统一样，各个学科在这里有自己的生态位，又与其他学科有着交叉和关联。

尽管如此，但是受限于篇幅，本书无法尽数呈现。因此，在这里，我们只是抛出来一个线头，邀请好奇的、热情的、真诚的、热爱学习、热爱自然的人们一起，成为自然教育道路上的同行者。

目录

大自然的拓荒者——苔藓植物

苔藓植物是大自然的小精灵。它们以独特的魅力和优雅征服了世界的一个个角落。它柔软而细腻，犹如绿色的皮毛，为大地披上一层翠绿的绒毯。在干燥时，苔藓植物似乎沉睡了；等到雨水降临，它们就焕发出勃勃生机。苔藓植物是大自然的艺术家，将树木、岩石和土地变成了绿色的画布。它们在森林里形成了独特的纹理和图案，给人们带来视觉的享受和内心的宁静。苔藓植物个体微小，却是生态系统中重要的组成部分，它们死去的身躯可肥沃土壤，成为自然中的“拓荒者”，让荒芜有机会成为生命的摇篮。它们的存在提醒着我们，即使在看似不起眼的角落，自然界的微小之美也值得我们珍惜和保护。

课程“大自然的拓荒者——苔藓植物”带领参加者走进广东鼎湖山国家级自然保护区（以下简称鼎湖山保护区），观察最容易被我们忽略，但是却存在最为广泛的植物——苔藓植物。

本课程采用自然游戏、知识导入、室外观察、标本采集、室内观察等方法来引导参加者学会欣赏苔藓植物之美，了解苔藓植物的生态价值，从而引发参加者对苔藓植物的兴趣和对大自然的热爱。

1 教学背景

背景一：个头小，志气大

唐代著名诗人刘禹锡在《陋室铭》中描述：“苔痕上阶绿，草色入帘青。”其中的苔痕指的就是苔藓植物，个体微小，少人关注。字典对“苔藓”的解释为“植物界的一大类，植株矮小，有假根”。

在鼎湖山保护区，上至高大乔木的树冠，下至溪流低洼的阴沟，苔藓植物随处可见，在溪流旁更是郁郁葱葱，细看非常美观。苔藓植物的形态多样，物种数量仅次于显花植物，在生态系统中发挥许多关键作用，它们能减少公路边坡和河岸的土壤流失，降低大气中碳和氮的含量，在热带雨林中捕捉并循环矿质元素，有环境指示作用，以及为小型动物提供食物和栖息场所，被生态学家誉为大自然的拓荒者。

背景二：自然资源科普化

鼎湖山保护区，创建于 1956 年，是中国第一个自然保护区。近 70 年的保护历史使鼎湖山保护区积累了大量的科研成果，丰富的自然资源更是得到了极好的保护。

鼎湖山保护区的自然教育课程，以自然资源科普化和科研科普化的方式呈现，本苔藓植物课程是鼎湖山保护区自然资源科普化课程体系中的一个。鼎湖山保护区的生物多样性富集度高，经科学家统计，在鼎湖山保护区内分布有苔藓植物 47 科 91 属 187 种，具有极其丰富的苔藓植物多样性。

本课程授课引导员均为单位专职科普师，大多具有科学研究背景，积累了极其丰富的专业科学知识。

本课程结合有关国内外苔藓植物的科学知识、研究成果与趣闻轶事，更能够从亲身经历的视角和观念出发，激发参加者对苔藓植物的兴趣。

除了本地资源的丰富度和授课引导员的专业外，本课程优势还体现在教学方式的多样性上：能够使用专业的科学仪器（如体视显微镜）来观察苔藓植物的结构；使用科学实验的方式直接观察苔藓植物对于水土保湿的生态价值。

本课程能够充分地利用自然资源科普化优势，激起参加者的浓厚兴趣，使其积极参与其中。

2 教学信息

设计者	广东鼎湖山国家级自然保护区管理局　彭丽芳
课程目标	觉知目标： • 觉察到大自然中生长着苔藓植物这种小生命。 知识目标： • 会辨别苔藓植物，了解苔藓植物的结构、生境、固土护坡功能，苔藓植物的演化历史，以及人类生活与苔藓植物之间的关联。 态度目标： • 培养对苔藓植物的喜爱、关注和敬畏。 行为目标： • 制作苔藓植物标本时少量采集即可，尽量减少对它们的索取和伤害，观察完后，把采集的苔藓植物放回它们生长的地方。
对象	小学二年级以上学生。
场地	❶ 有桌椅的室内，有空旷场地的室外； ❷ 野外潮湿的低洼地带。
时长	120 分钟。

3 教学框架

环节名称		环节概要	时长
环节一	鼎湖山里有什么	将参加者进行分组。	10 分钟
环节二	画出心目中的苔藓植物	❶ 唤醒参加者日常生活中对苔藓植物的印象； ❷ 用于教学评估的前测。	10 分钟
环节三	苔藓植物知识讲座	苔藓植物知识的科普。	30 分钟
环节四	野外观察和标本制作	教授在哪些地方找到苔藓植物，如何观察苔藓植物的生境，以及如何用专业的方法采集苔藓植物。	30 分钟
环节五	认识苔藓植物的结构	参加者将采集回来的苔藓植物进行细致观察，认识苔藓植物神奇的结构。	30 分钟
环节六	总结与分享	❶ 让参加者描述最感兴趣和印象最深刻的知识点、授课流程和观察的苔藓植物结构； ❷ 教学评估。	10 分钟

4 教学流程

环节一：鼎湖山里有什么

目　标	❶ 破冰、建立信任，让参加者集中注意力，将参加者进行分组； ❷ 通过苔藓植物的名字，建立对苔藓植物最初的好奇。
时　长	10 分钟。
地　点	空旷的场地。
教　具	无。
流　程	“鼎湖山里有什么”游戏。

引导及解说内容

引导员欢迎大家的到来，然后讲解游戏规则。

参加者：鼎湖山里有什么?

引导员：有“泥炭藓”。

（“泥炭藓”一共三个字，所以，参加者三人一组站在一起）

参加者继续齐声问：鼎湖山里有什么?

引导员可以换其他不同字数的苔藓植物名字，以便参加者形成不同人数的小组。

- 角苔
- 小曲尾藓
- 荷包藓
- 假大泥炭藓
- 泥炭藓
- 小叶拟大萼苔

最后一轮游戏，引导员回答 5 个字的苔藓植物名字，让参加者分成 5 人小组，方便开展后续活动。

环节二：画出心目中的苔藓植物

目　标	❶ 唤醒参加者日常生活中对苔藓植物的印象； ❷ 用于教学评估的前测。
时　长	10 分钟。
地　点	室内。
教　具	白纸、笔。
流　程	❶ 引导参加者根据自己的印象，画出苔藓植物； ❷ 把参加者的画收好，以便活动结束之后，与他们再次画出的苔藓植物作对比，作为活动前后测，也是对教学的一种评估方法。

引导及解说内容

刚才的分组游戏中，大家听到了好多陌生的名字，其实这些都是苔藓植物。苔藓不是一种植物的名字，而是一类植物的统称。

请大家回想自己所了解的苔藓植物的样子，画在白纸上。只根据自己的印象来画，不要查资料，不要问别人。画完了请大家交上来，谢谢。

环节三：苔藓植物知识讲座

目　标

❶ 觉察到大自然中生长着苔藓植物这种小生命；
❷ 会辨别苔藓植物，了解苔藓植物的结构、生境、固土护坡功能，苔藓植物的演化历史，以及人类生活与苔藓植物之间的关联；
❸ 培养对苔藓植物的喜爱，关注和敬畏。

时　长

30 分钟。

地　点

室内。

教　具

PPT、投影设备。

流　程

从苔藓植物的演化导入，阐述三个认识苔藓植物的基础：
❶ 什么是苔藓植物；
❷ 苔藓植物有什么作用；
❸ 在哪里可以看到苔藓植物。

引导及解说内容

大家好，接下来我们通过一个讲座来了解苔藓植物吧。

科学家发现了苔类化石，确认了苔藓植物最早出现在 4.75 亿年前的奥陶纪，是最早登陆陆地的植物。

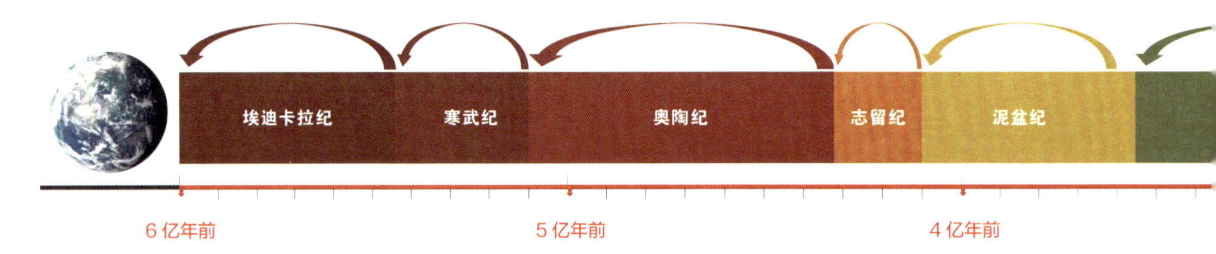

图 1-1　地质图谱

地质图谱（图 1-1）最右边“第三纪”的右侧呈现的小小的红色部分就是 200 多万年前，人类出现了，而苔藓植物已经在地球上生活了几亿年，可以看出人类在地质年代上是如此渺小。而人类的出现也要归功于苔藓植物的出现。苔藓植物首次登陆陆地，改变了大气结构和陆地环境，给予蕨类植物、裸子植物、被子植物生存环境，从而构建人类生存的物质基础，也带给人类姹紫嫣红的“花花世界”。而这，就是毫不起眼、经常被我们忽略的苔藓植物给我们提供的生存基础。

苔藓植物是什么？

苔藓植物是在约 4 亿年前，地球上最早从水生环境登上陆地的植物。植物的维管组织好比我们的钢筋水泥，有稳固的钢筋水泥，就能搭建高楼大厦，因此有维管组织的植物长得相对高大。而苔藓植物没有维管组织（如图 1-2），相对而言，它的身材低矮，不显眼，苔藓植物虽然生命极其顽强，且随处可见，但很难引起我们的注意。

依形态结构的差异，苔藓植物可以分为苔类、藓类和角苔类三大类群。

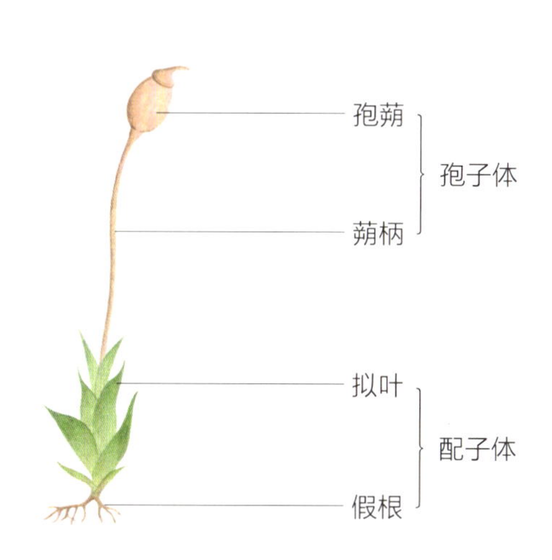

图 1-2 苔藓植物的结构

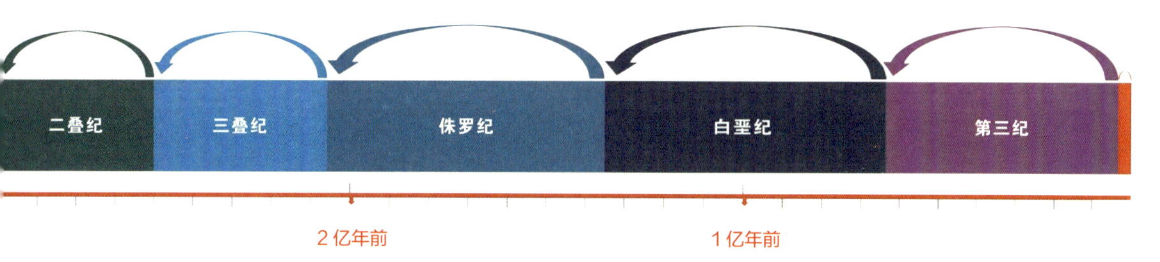

苔藓植物的一生都会经历什么?

❶ 它一生的生存状态如图 1-3，生命周期很短。苔藓植物沉积下来的“尸体”可增加土壤肥力，给其他植物的生长提供优渥的环境，也是它被称为拓荒者的原因。

❷ 苔藓植物的精子和卵子的相遇是需要水环境的，如果没有水，它们就无法进行有性繁殖。

苔藓植物具有两种繁殖方式，一种是有性繁殖，雌、雄配子结合产生后代，这就是苔藓植物的孢子；而另一种是无性繁殖，通过苔藓植物自身长出芽孢，芽孢脱落即可长成新的苔藓植物。

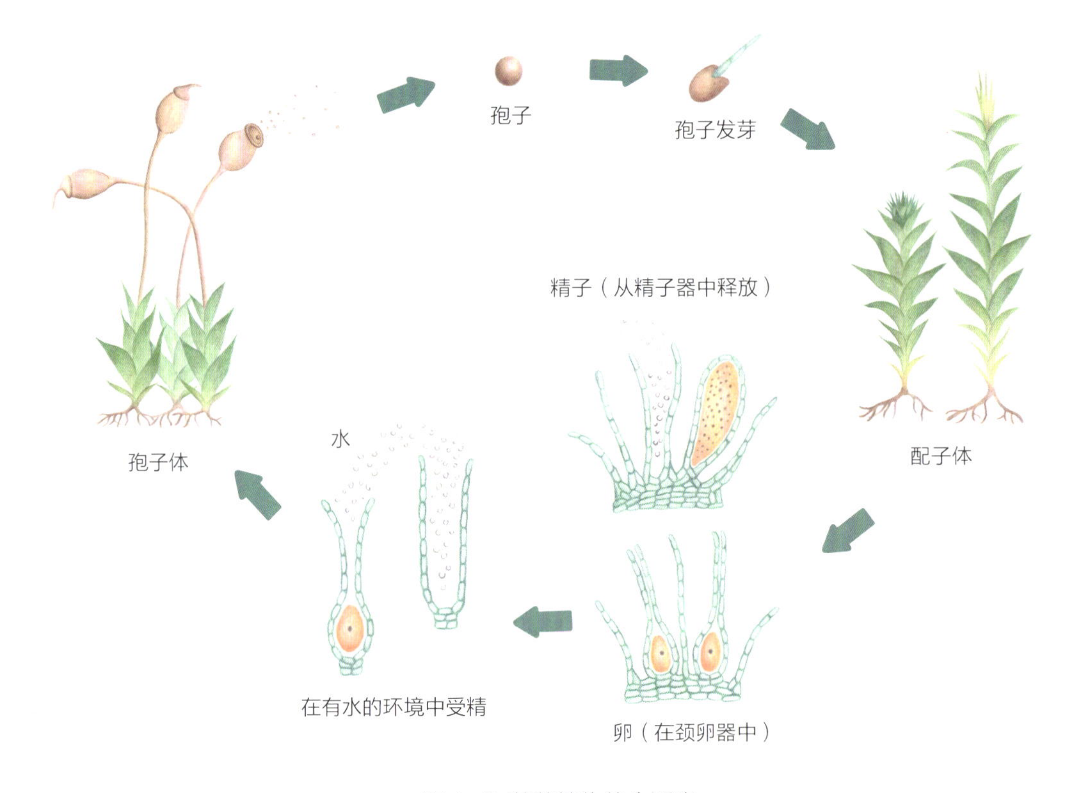

图 1-3 苔藓植物的生活史

苔藓植物有什么生态功能?

❶ 自然界的拓荒者

苔藓植物是不毛之地和受干扰后的生境的先锋植物，它们生命周期短，死去的身躯可以肥沃土壤，增加土壤厚度，为其他植物的生长提供有利的条件。

❷ 动物的栖所和食物

对我们人类而言，苔藓植物不好吃。由于其营养成分不高，口感不好，自然没有人愿意吃它。另外，苔藓植物还含有一些特殊的次生化合物，连昆虫、螨都不愿意吃（此特性称为拒食性）。因此，存放在标本馆中的苔藓植物标本，与显花植物标本大不相同，是最不担心害虫的。

虽然如此，某些苔藓植物可以作为很多小型无脊椎动物的栖息之所，某些鸟类的筑巢材料，以及某些软体动物、节肢动物、鸟类和哺乳类动物的食物。驯鹿冬季取食的苔藓植物量约可达其食物总量的 10%，它们取食的苔藓植物主要包括赤茎藓、曲尾藓、皱蒴藓和毛叶苔。有研究显示，苔藓植物中所含的花生四烯酸有助于御寒。某些苔藓植物对一种重要的工业原料——五倍子的产量有很大影响。五倍子是漆树科的盐肤木等植物身上被五倍子蚜虫啃噬后产生的虫瘿，而五倍子蚜虫的冬寄主植物就包括了多种匐灯藓，它们影响了五倍子蚜虫的数量，从而影响五倍子的产量。

❸ 矿山或重金属的“另类”指标

动植物的健康生长常常需要一定量的重金属元素，但过量会对它们的生长造成伤害，甚至导致死亡。一些苔藓植物却具有较强的耐受能力，在环境中重金属浓度远超正常水平的情况下，依然可以健康生长。其中最有名的是被称为“铜藓”的剑叶舌叶藓和缺齿藓属的一些物种。它们常常出现在富含铜元素的地区，或者生长在被铜元素污染的土壤上，如铜矿山周边、重金属加工厂排污口或下游河岸边。据此特性，如果在野外见到这两种藓类，它们可以作为辅助指标，辅助探测铜或指示铜元素污染区。

苔藓植物对人类有什么利用价值?

❶ 园艺装饰

苔藓植物在园艺装饰中非常受欢迎，常用于室内和室外景观设计。它们可以用作装饰悬挂盆栽、墙面覆盖物或地面覆盖物，营造自然绿意。

❷ 盆景艺术

苔藓植物被广泛应用于盆景艺术中。它们可以用来模拟小规模的山岳地貌或模拟自然的生态系统。

❸ 固碳

苔藓植物有固定二氧化碳的作用，被用于碳中和，减少温室效应。

此外，在有些地方，苔藓植物的保湿性，被人类用作水果保鲜、儿童尿不湿、伤员止血棉、房屋填缝隙的材料；苔藓植物具有抗癌和抗菌等作用，还被用作药用成分。

需要注意的是，苔藓植物的采集和使用应当遵循环保原则，避免过度采集或破坏生态平衡。同时，苔藓植物的使用也应符合当地法规和道德准则。

环节四：野外观察和标本制作

目　标	❶ 觉察到大自然中生长着苔藓植物这种小生命； ❷ 会辨别苔藓植物，了解苔藓植物的结构、生境、固土护坡功能，苔藓植物的演化历史，以及人类生活与苔藓植物之间的关联； ❸ 培养对苔藓植物的喜爱、关注和敬畏； ❹ 制作苔藓植物标本时少量采集即可，尽量减少对它们的索取和伤害，观察完后，把采集的苔藓植物放回它们生长的地方。
时　长	30 分钟。
地　点	可以找到有苔藓植物的野外环境。
教　具	手持放大镜、A4 纸（可用来制作标本袋）、小刀、笔。
流　程	❶ 引导观察鼎湖山的苔藓植物； ❷ 学习制作苔藓植物标本。

引导及解说内容

鼎湖山上至高大乔木的树冠、下至溪流低洼处，苔藓植物随处可见，在溪流旁更是一片翠色。我们去采集一些做实验，看看小小的苔藓植物是如何运用它们的力量守护土壤的！

在野外，近距离观察就能用肉眼看见苔藓植物的主要特征，但在活动之前我们需要强调观察的注意事项：

❶ 不随意踩踏苔藓植物和其他原生的林地；

❷ 采集标本时注意安全，使用小刀和其他工具时，动作幅度要小，要准；

❸ 留心路面，谨防摔；

❹ 跟紧队伍，不私自行动；

❺ 采集标本只要一点点就可以，不多采，不采集其他植物。

野外观察的具体步骤如下。

❶ 用手持放大镜观察苔藓植物，在野外需要特别留意带孢子体的苔藓植物；

❷ 用小刀采集苔藓植物（采集面积以火柴盒大小为宜），并剔除杂质、枯枝落叶及小动物粪便；在植物上喷水，可以使苔藓植物因为缺水卷曲的叶子舒展开来；

❸ 将苔藓植物用报纸或者纸张封装好，做成标本袋；

❹ 在标本袋上记录标本采集时间、地点、生境、海拔、采集人和鉴定人，最后统一整理，备注采集编号；

❺ 拍照，记录好图片和标本编号。

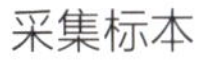

采集标本

户外观察

如何用 A4 纸制作标本袋呢？把标本放在纸上，把纸对折，然后把纸还敞开的三条边也折起来，起到封口的作用。这样，一个标本袋就做好了，然后在标本袋上写上采集信息，包括时间、地点、生境、海拔、采集人、鉴定人等（图 1-4）。

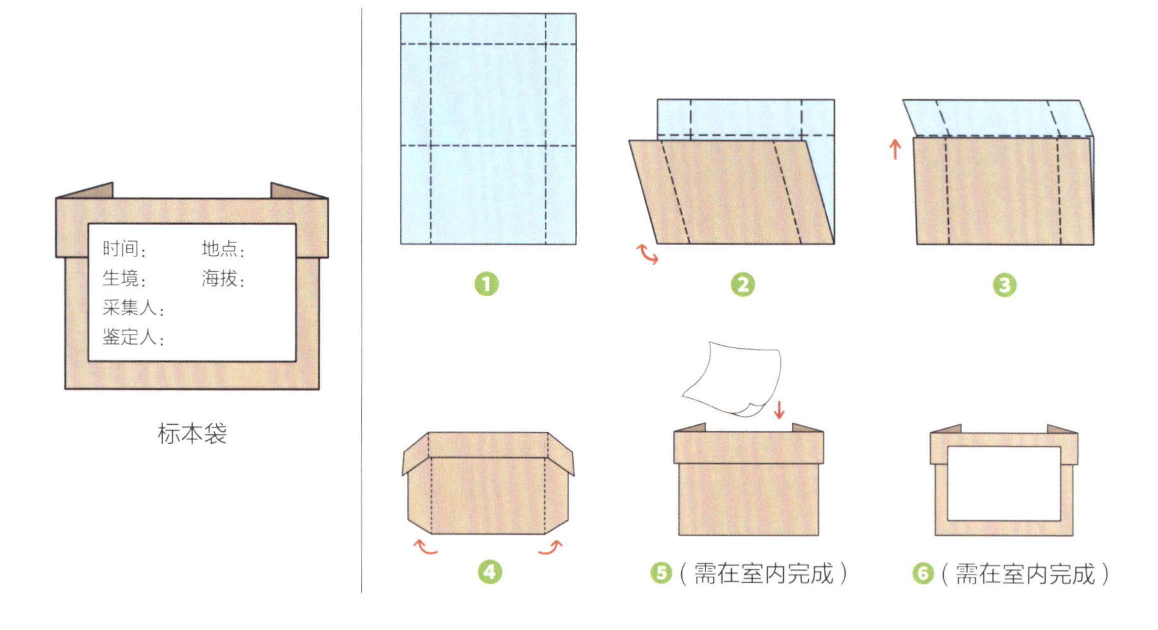

图 1-4 制作标本袋

制作标本

环节五：认识苔藓植物的结构

目标	会辨别苔藓植物，了解苔藓植物的结构、生境、固土护坡功能，苔藓植物的演化历史，以及人类生活与苔藓植物之间的关联。
时长	30 分钟。
地点	室内。
教具	体视镜、废弃矿泉水瓶。
流程	❶ 活动规则说明； ❷ 探究苔藓植物的保持水体功能。

引导及解说内容

活动规则说明

将采集回来的苔藓植物通过体视镜进行细致观察。体视镜数量有限，需要参加者合用。仪器使用期间需要大家有序地轮流使用，不争抢，让每人都有机会观察。

体视镜观察

如何探究苔藓植物的保持水体功能（图 1-5）？

❶ 找到 2 个 1.5L 的废弃塑料水瓶，将其如图 1-5 裁去一面；

❷ 在同一个地方挖土壤，将其等量装进 2 个水瓶中；

❸ 野外采集苔藓植物，将其平铺在其中一个水瓶中的土壤上，放置 3 天；

❹ 在每个水瓶的出水口下面放置一个完整的 500mL 水瓶，并且在 2 个 1.5L 水瓶中加入等量的水，收集底下 500mL 水瓶的水量，并填写表 1-1。

图 1-5 装置示意图

[小贴士]

❶ 体视镜观察完采集来的苔藓植物标本之后，安排时间让参加者把苔藓植物放回它们生长的地方；

❷ 强调：矿泉水瓶泥土上铺的苔藓植物，在本次课程之后，会继续养护起来，等到下次上苔藓植物课时，继续作为教具重复持续使用。

表 1-1 水量记录表

加水量	收集水量(表面覆盖苔藓植物)	收集水量（无苔藓植物）
100mL		
200mL		
300mL		
500mL		

环节六：总结与分享

目标	让参加者描述最感兴趣和印象最深刻的知识点、教学流程和观察的苔藓植物的结构。
时长	10 分钟。
地点	室内。
教具	苔藓植物教学评估表、笔。
流程	❶ 引导参加者分享，请大家回顾本次课程，举手分享和描述最感兴趣和印象最深刻的时刻； ❷ 邀请参加者结合在本次课程中收获到的苔藓植物相关认识，在苔藓植物教学评估表上再次画出苔藓植物的样子； ❸ 与参加者在课程开始之前画出的苔藓植物进行对比，作为活动前后测，也是对教学的一种评估。
引导及解说内容	完成了实验，请大家来分享一下 2 个 500mL 水瓶记录的水量，以及会产生不同水量的原因是什么? 感谢大家的分享，这也充分地展示了苔藓植物的储水功能。至此，我们的课程也快要结束了，我还想邀请大家分享一下本次活动你印象最深刻的地方，和再次画一画你的“苔藓植物”的样子。也欢迎大家继续在鼎湖山里做自然观察。

5 教学实践

课程开展情况

在鼎湖山保护区，共开展了 5 次苔藓植物课程，累计 200 多人次参与，主要是采取旅行社招募参加者，向保护区预定课程时间的方式进行。因为涉及野外活动，需要未成年参加者的监护人陪同参与。

户外观察

采集标本

室内参观

知识讲座

室内参观

引导员实践

张泽坤

广东鼎湖山国家级自然保护区管理局科教科 科普助理

从授课角度而言，苔藓植物课程是一个非常有趣和独特的主题，可以让参加者从微观视角深入了解这些小而神奇的植物。从课程设计的角度来看，苔藓植物课程注重实践与体验，因为参加者可以通过亲手采集和观察苔藓植物来更好地理解它们的生理特性和生长环境。此外，该课程也从地质年代历史变迁的视角揭示了生物进化的概念，并从历史发展的角度展示了苔藓植物相关的科学知识和文化背景，以便参加者更好地了解苔藓植物的意义和价值。

在整体活动中，引导员在授课过程中应该注重引导参加者思考和探究，而不是仅仅传授知识。例如，引导员可以引导参加者思考为什么苔藓植物可以生长在石头、树皮、墙面上等，它们是如何进行光合作用的，它们的繁殖特性及分布范围，以及它们在自然界中的独特作用等。通过一些有趣的、深入浅出的引导可以让参加者更加深刻的认识苔藓植物、理解苔藓植物，并培养他们的探究精神和科学思维能力。

苔藓植物课程应该注重培养参加者的环保意识和责任感。引导员可以让参加者了解苔藓植物在环境保护中的重要作用，以及如何保护和维护它们的生态环境。这样的教育可以让参加者更加关注环境保护，为保护我们的自然环境作出自己的贡献。当然，对于幼龄儿童来讲，宏观的环保概念未免有些庞大，可以不用刻意提及，只需播撒环保的种子即可。

总体来说，苔藓植物课程是一个有趣、独特且富有教育意义的主题，通过我们的精心设计和教学实践，可以让更多的参加者受益并爱上这种缓慢进化了亿万年的生物体，学会从多视角欣赏自然之美、植物之美，并逐渐意识到人类与生态环境之间和谐共生的关系，从思想层面改善我们传统的人与自然观，培养更加友好的环境态度与环境意识，增强与自然的联结，从而培养出更具有环境责任心的青少年。

参加者实践

参加者

我们虽然没有采访参加者，但是从他们课程前后画的苔藓植物图可以看出，他们对苔藓植物结构的印象从模糊变得清晰。

课程并没有要求参加者的家长参与，但是从家长积极主动参与到课程中，并对苔藓植物的结构发出惊叹，感叹大自然的神奇。可以看出，家长亦被课程内容所吸引，证明课程是有趣的。

6 课程评估

通过复盘和画图前后测两种形式开展课程评估。

评估结果

复 盘

从最开始设计、实施到现在，不断对课程进行调整和改善。

在教学过程中，我们发现：

❶ 讲课环节中，大家对苔藓植物专业知识的接受度有点低，特别是在苔类、藓类和角苔类的区分上错误率高；

❷ 整体的专业授课流程的接受度很低。

基于此，第三次课程活动进行了改进：

❶ 野外找到苔类、藓类和角苔类植株，让参加者自己观察并找区别，这样印象更加深刻；

❷ 打破传统苔藓植物讲课方式，用问题引导讲解，增加参加者的接受度。

另外，由于苔藓植物生长在潮湿低洼地带，野外观察和采样都具有一定的安全风险。对此应提前踩点，确保在鼎湖山保护区内先找到苔藓植物种类和数量多，便于观察，较安全且离室内授课点不太远的场地。

画图前后测

通过画图前后测，展现参加者对苔藓植物的认知变化。下面是前后测的一些例子，左边是前测，右边是后测。

前测：请画出你心中的苔藓植物的样子。

后测：通过这节课，请再画出苔藓植物的样子并回答 3 个知识提问。

从前测和后测的对比中，可以看到参加者明显地对苔藓植物有了具象、科学的认知。

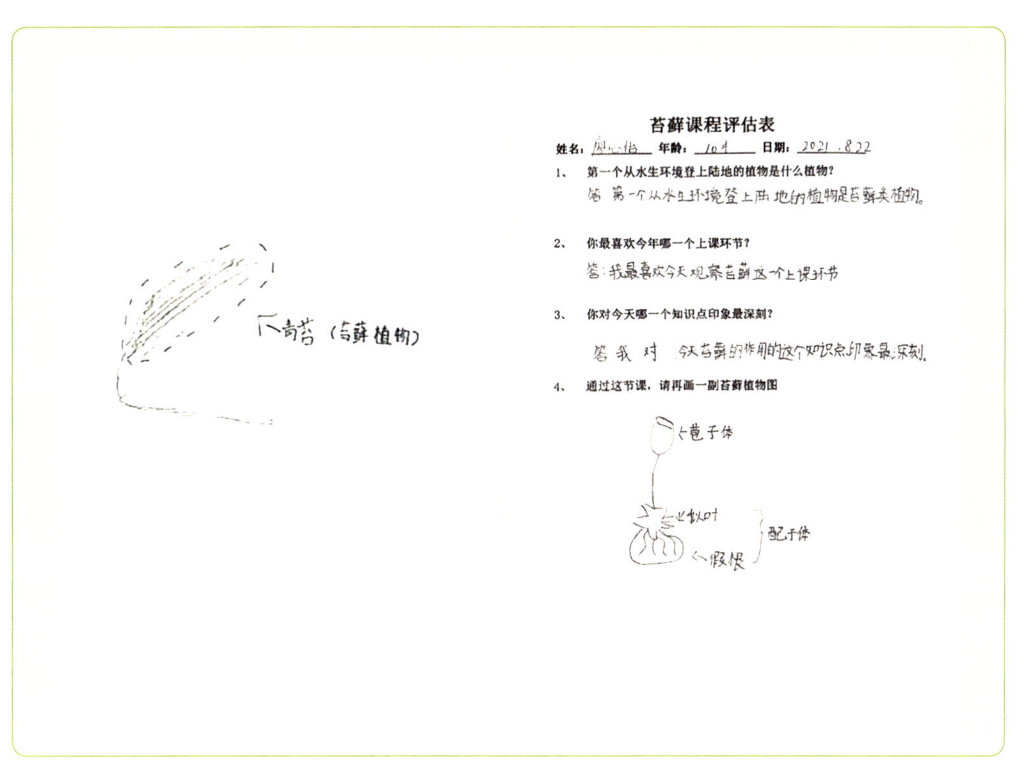

苔藓课程评估表

姓名：______ 年龄：______ 日期：2021.8.22

1、 第一个从水生环境登上陆地的植物是什么植物？

答 第一个从水生环境登上陆地的植物是苔藓类植物。

2、 你最喜欢今年哪一个上课环节？

答：我最喜欢今天观察苔藓这一个上课环节

3、 你对今天哪一个知识点印象最深刻？

答 我对 今天苔藓的作用的这个知识点印象最深刻。

4、 通过这节课，请再画一副苔藓植物图

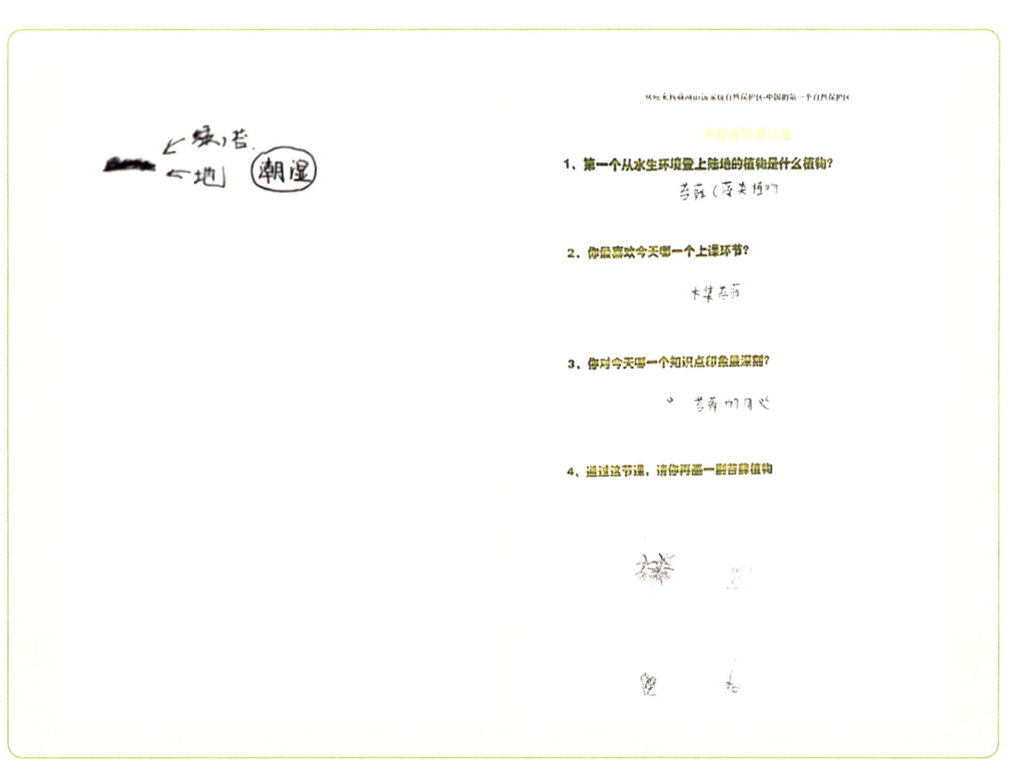

1、第一个从水生环境登上陆地的植物是什么植物？

苔藓（藓类植物

2、你最喜欢今天哪一个上课环节？

3、你对今天哪一个知识点印象最深刻？

苔藓的用处

4、通过这节课，请你再画一副苔藓植物

绿

潮湿

欢迎来到鼎湖山国家级自然保护区-中国的第一个自然保护区

苔藓课程评估表

1、第一个从水生环境登上陆地的植物是什么植物?

苔藓(藻类植物)

2、你最喜欢今天哪一个上课环节?

采集苔藓

3、你对今天哪一个知识点印象最深刻?

苔藓的用处

4、通过这节课，请你再画一副苔藓植物

欢迎来到鼎湖山国家级自然保护区-中国的第一个自然保护区

苔藓课程评估表

1、第一个从水生环境登上陆地的植物是什么植物?

答:苔藓

2、你最喜欢今天哪一个上课环节?

答:我最姜喜欢制作生态瓶

3、你对今天哪一个知识点印象最深刻?

答:~~我欢欢看~~ wā 苔藓

4、通过这节课，请你再画一副苔藓植物

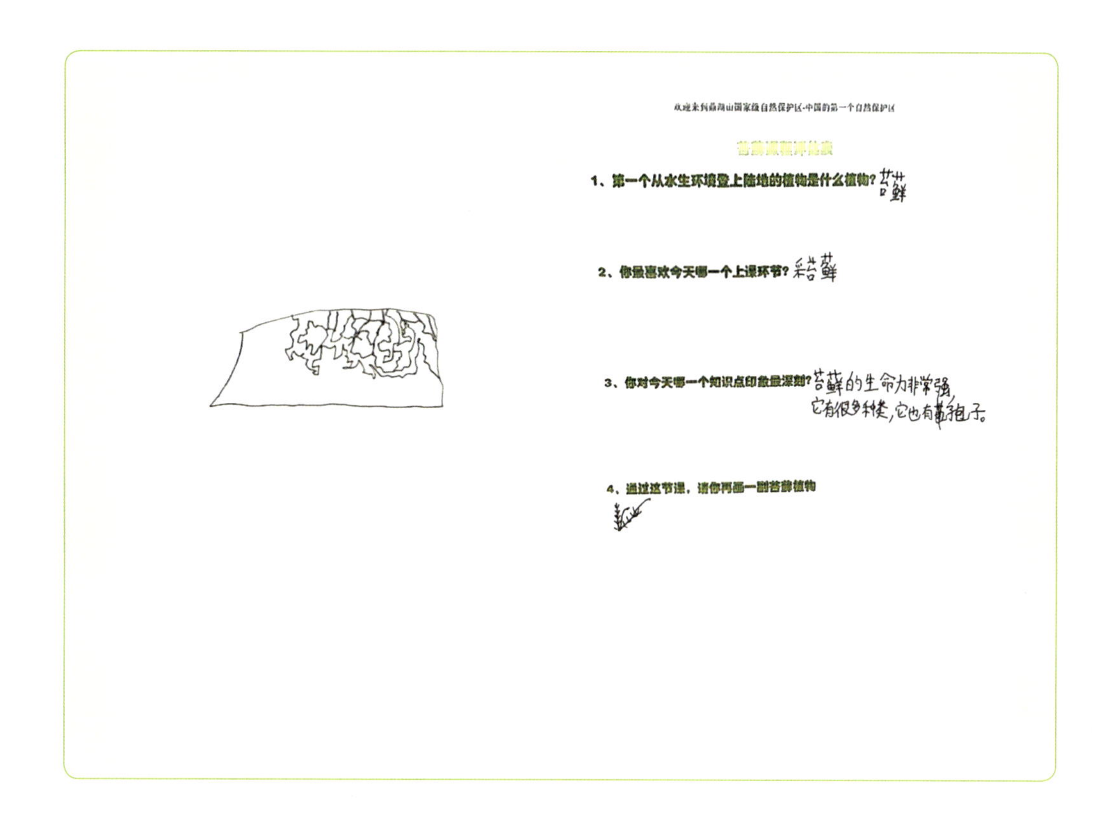
欢迎来到鼎湖山国家级自然保护区-中国的第一个自然保护区

1、第一个从水生环境登上陆地的植物是什么植物？苔藓

2、你最喜欢今天哪一个上课环节？采苔藓

3、你对今天哪一个知识点印象最深刻？苔藓的生命力非常强，它有很多种类，它也有孢子。

4、通过这节课，请你再画一副苔藓植物

7 延展阅读

知识点及定义说明

贮水细胞

泥炭藓的叶由两种细胞构成，一种是小的绿色细胞，进行光合作用；另一种是无色透明细胞，细胞腔大，细胞壁具孔和螺纹，可贮存大量水分，起着保水作用。

孢子体

孢子体是苔藓植物生活史中生产孢子的部分，由雌雄配子结合发育而成，需依赖配子体生存，具 2 倍染色体。

配子体

配子体是苔藓植物生活史中占优势的植物体，由孢子萌发形成，可自由生活，具单倍染色体，可产生雌雄配子。

水土流失 水土流失指在水力、风力、重力和冻融等自然营力和不合理人为活动作用下，水土资源和土地生产力的破坏和损失，包括土地表层侵蚀和水的损失。

苔藓植物缺少维管组织，“身材”一般比大多数有维管组织的植物矮小，通常仅几毫米到几厘米高，生活史具有明显的世代交替现象，并以配子体占优势。它们的孢子体通常寿命很短，必须依附于配子体生存，属变水性植物，能快速调整体内的水分含量以适应环境，适应长期干旱，往往遇水便能迅速恢复生机。

苔藓的登陆与分类

苔藓植物是地球上最早从水生环境登上陆地的植物。依形态结构的差异，苔藓植物可以分为苔类、藓类和角苔类三大类群（表 1–2）。

表 1–2 三大类群特征表

类型	配子体体态	叶片中肋	孢子体	孢蒴颜色	蒴柄	孢蒴形态
苔类	叶状体或茎叶体	无	柔弱	棕色或黑色	柔弱，半透明至透明	球形或椭球形
藓类	茎叶体	有	强壮	绿色、棕色、黄色	强壮，绿色、橙色或者半透明	形态各异
角苔类	叶状体	无	强壮	绿色	无	针形

苔藓植物的繁殖

苔藓植物的繁殖和世代更替由有性和无性繁殖组成。

有性繁殖

❶ 雌雄配子（精子和卵子）结合，产生胚，胚发育成孢子体，在孢蒴中产生孢子。

❷ 孢子很小，数量众多，直径大多在 7~100 微米，所以很容易通过气流散布到新的生境，最远甚至可达数千千米以外的地方。

❸ 能够保持遗传多样性。

❹ 有性生殖发生的条件是雌雄配子（精子和卵子）容易接近，因此多发

生在雌雄同株的种类，且受精时需要有水为媒介。

❺ 整体而言，雌雄同株的苔藓植物仅占约 20%。68% 的苔类、57% 的藓类、40% 的角苔类是雌雄异株的，即单性别的，甚至出现雌雄植株洲际间断分布的极端例子。

❻ 与此相对应，有维管组织的植物中雌雄异株的比例仅占 6%。

无性繁殖

❶ 不经过雌雄配子的结合。通过特化的无性繁殖器官或植物体碎片来实现。

❷ 通常在雌雄异株种类中的比例要比雌雄同株的高。

❸ 能够更好地在恶劣的环境生存。

❹ 无性繁殖体（母体克隆产生的）数量较少，体形相对较大，所以它们的传播通常以近距离为主。

❺ 遗传多样性越来越低。

推荐阅读书目及文献

- 《植物王国的小矮人》，张力等，广东科技出版社，2018
- 《鼎湖山探究式自然教育课程：初级版》，彭丽芳，广东科技出版社，2023

8 课程机构

广东鼎湖山国家级自然保护区

鼎湖山保护区建于 1956 年，是我国第一个自然保护区，也是 1979 年我国三个首批加入联合国教科文组织“人与生物圈（MAB）”计划的世界生物圈保护区之一。

鼎湖山保护区面积 1133 公顷，位于广东省肇庆市，居北纬 23°10′，东经 112°31′，主要保护对象为典型地带性森林植被——南亚热带常绿阔叶林。该森林具有 400 多年保护历史，被誉为“北回归沙漠带上的绿色明珠”。鼎湖山保护区生物多样性富集度高，分布有野生高等植物 1778 种，记录有鸟类 272 种、两栖爬行类 81 种、兽类 43 种，已鉴定昆虫 740 种、大型真菌 836 种，其中，国家重点保护野生植物 68 种，重点保护野生动物 65 种。[①]

鼎湖山保护区是中外重要的科研基地，1978 年在此建立生态系统定位研究站，长期开展水、土、气、生等要素的定位监测和生态学方面的研究。截至 2022 年年底，以鼎湖山为研究平台发表的学术论文达 2300 多篇，出版专著 20 多部，获国家自然科学二等奖及多项省部级荣誉。

这些丰富且独具特色的自然资源以及中国科学院华南植物园多年来高水平的科研积累，为鼎湖山保护区开展自然教育奠定了基础。

鼎湖山保护区的自然教育立足在地资源，以受众为中心，挖掘教育资源，基于自然资源和科研成果科普化的方式，设计自然教育课程，开展多元化自然教育活动和理论研究，建立具有广泛影响力的环境教育示范中心，走向独具特色的科学教育融合环境教育的鼎湖山环境教育模式。

科普教育工作是鼎湖山保护区的重要工作之一，经过 60 多年的发展，鼎湖山保护区拥有开展科普工作所需的基础设施，包括科普楼、会议室、讲座室、自然教育中心、森林生态系统定位研究站展厅、科研实验室以及开展科普活动的配套仪器设备。2021 年，鼎湖山保护区完成自然教育中心的升级改造，以“看见鼎湖山”为主题，系统介绍了鼎湖山的自然资源、保护区的重要职能和历史脉络等内容，馆内还放置了动物体重秤、蜻蜓之眼、黄花大苞姜 3D 模型等互动解说设施。让公众在认识“人文的鼎湖山”的基础上，更能看见“科学的鼎湖山”和“世界的鼎湖山”，鼎湖山保护区同时完成自然体验径和自然探索径的建设：自然体验径以“小小科学家成长之路”为主题，以鼎湖山保护区丰硕的科研成果为基础，沿途选择合适的解说点，将科学知识普及给大众；自然探索径主题为“森林与人类”，通过引导人们对沿途森林进行深入探索，最后提出“地球不属于人类，而人类属于地球”的中心思想。

鼎湖山保护区拥有专业的宣教团队，有专职宣教人员 5 人，兼职宣教人员 4 人，这些人员中 95% 具有硕士及以上学历，专业覆盖植物学、动物学、生态学、教育学等领域；此外，还具有一支以肇庆周边教师、大学生和退休人员为主体的 90 人的高素质志愿者团队，包括带领课程活动、生态摄影、文字编辑、动植物监测、日常巡护等五类志愿者，协助鼎湖山保护区高质量地完成科普宣教工作。鼎湖山保护区开发了面向幼儿到成年人的高质量科普

注：① 数据截止时间为 2022 年。

教育课程，包括森林碳储量、底栖生物等探究式自然教育课程，植物物候观测等公民科学课程，原始森林探秘、野外拾趣等体验式课程。鼎湖山保护区拥有完善的后勤保障，24 小时值守的护林队伍，山内及周边有容纳 1000 人以上的酒店和餐馆，能应急处理突发事件；并且能为在鼎湖山保护区开展科普教育工作提供生活保障。

鼎湖山保护区的科普活动全年向公众开放，平均每年开展“请进保护区”科普活动 20 多场次，受众 1 万余人；“走出保护区”，走进周边中小学校开展“生态知识科普进校园”活动，受众 3000 多人；开展线上自然教育公益课程，受众高达 28 万人次。不管是线上还是线下的科普活动，均获得学生、家长、学校等公众群体的积极参与和好评。鼎湖山保护区先后获得“广东省环境教育基地”（1998 年）、“全国青少年走进科学世界科技活动示范基地”（2002 年）、“广东省青少年科技活动基地”（2003 年）、“全国中小学环境教育社会实践基地”（2013 年）、“广东省自然教育基地”(2020 年)、“生态环境部自然学校试点单位”（2020 年）、“中国野生植物保护协会生态科普教育基地”（2021 年）、“中国生态学学会科普教育基地”（2021 年）、“全国科普教育基地”（目前肇庆市唯一一家）、“全国科普教育基地”（2022 年）、“广东省环境教育基地示范单位”（2022 年）等称号。

9 引导员笔记

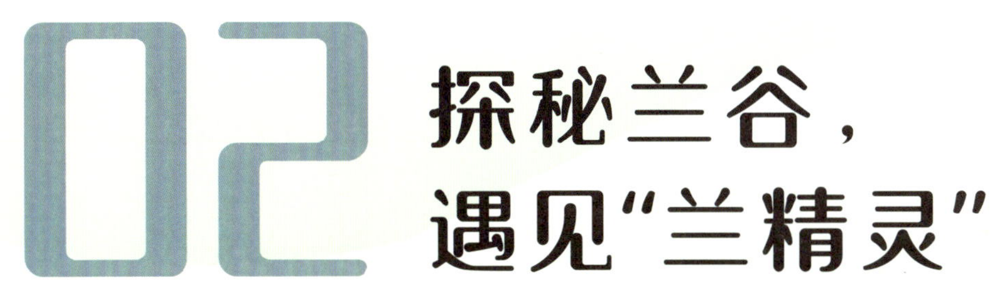

02 探秘兰谷，遇见“兰精灵”

兰花，以其高雅和美丽征服了无数花迷的心。它的花姿端庄高贵，犹如一位出尘的仙子，静静地绽放在世界的花海中；花瓣轻盈而柔软，色彩绚丽多样，仿佛是大自然调色板上的杰作。兰花散发着独特的香气，让人陶醉其中。那清幽的香味仿佛一阵微风，轻轻拂过心灵，让人感受到一份宁静和舒适。它的生命力坚韧而顽强，能够在恶劣的环境中存活和繁衍。

它是自然的珍宝，也是我们应当呵护的花朵。让我们以欣赏的心态，与兰花共存，感受大自然的神奇和生命的灵动。保护兰花的栖息地，保护它的生存环境。因为只有当大自然的宝藏得到保护，我们才能继续欣赏到兰花带给我们的美丽和喜悦。

以兰为媒，对话自然；以兰之名，传播科学。“探秘兰谷，遇见‘兰精灵’”课程充分利用基地特色资源，结合季相变化，以讲解导赏、引导观察、自然笔记、实践体验等手段，带领公众认识千姿百态的兰花，探索神奇奥妙的自然。

本课程以有趣的科学、人文故事向公众传递兰花的多样性、形态特征、传粉策略及兰文化等相关知识，激发公众对兰花、自然的喜爱之情，自觉形成人人保护濒危物种、爱护自然的良好社会风气。同时，本课程配套有实践体验环节，将科学观察、自然笔记与实操体验相结合，培养以青少年为主要对象的参加者的观察力、创造力、想象力和动手能力，激发参加者对自然科学的浓厚兴趣，提高科学素养和技能。

1 教学背景

背景一：珍稀而坚强的兰花

兰科植物具有重要的观赏、药用、生态、保护和文化价值。我国野生兰科植物资源物种丰富，约有 1900 种。长久以来，由于公众对兰花的认知以及濒危物种保护的意识较弱，兰花受人为干扰严重，非法贸易和乱采滥挖现象时有发生，许多种类濒临灭绝。

2021 年 9 月 7 日，经国务院批准，国家林业和草原局、农业农村部发布《国家重点保护野生植物名录》，首次将约 350 种野生兰科植物列入名录中，列为我国一级、二级保护野生植物。

背景二：认识兰花系列课程

深圳市兰科植物保护研究中心（以下简称“兰科中心”）科教团队通过挖掘基地的特色资源，以保护兰花物种案例来普及濒危物种保护法律法规和自然科学知识，提高人们的生态文明理念和科学素养，促进生物多样性的保护与可持续发展，并以兰花为媒介，搭建人与自然、中国传统文化联系的桥梁，增强公众对自然、科技、文化的认识和获得感。

兰科中心重点面向中小学群体开发了“探索兰花的秘密世界”课程，包含30个子课程，被广东省林业局评为2021年度广东省自然教育优秀课程。“探秘兰谷，遇见‘兰精灵’”是“探索兰花世界的秘密”中最经典的一项子课程，入选“中国野生植物保护协会自然教育课程”案例。

2 教学信息

设计者	深圳市兰科植物保护研究中心 潘云云
课程目标	觉知目标： • 感官接触兰花和自然。 知识目标： • 能识别兰花，了解兰花的多样性、有趣的生命现象、濒危级别； • 了解兰花与人类生活的联系； • 了解物种相互依存、共同繁衍的生态知识； • 了解世界组织以及科学家为保护兰花所作的努力。 态度目标： • 培养对兰花的喜爱、关注和爱惜的态度。 技能目标： • 学习兰花种植方法。 行为目标： • 科学种植兰花。
对象	幼儿亲子家庭、中小学生、成人。
场地	兰科中心自然教育园区或种植有兰科植物的公园、植物园等场地。
时长	150分钟。

3 教学框架

环节名称		环节概要	时长
环节一	自然游戏	设置分组，进行兰园寻宝、一米自然观察等以游戏为中心的自然观察活动。	10 分钟
环节二	科普馆闯关	引导员讲解，学习任务单打卡。	20 分钟
环节三	兰园导赏与自然观察笔记	在引导员的引导下，借助放大镜等工具，科学观察兰科植物，用画笔和文字记录下来，制作自然观察笔记手抄报。	50 分钟
环节四	兰花科学种植实操	参观兰花繁育温室，了解兰花的生长历程，进行组培苗或小苗的移栽体验。	30 分钟
环节五	兰花标本艺术创作	将科学与艺术结合起来，把兰花蜡叶标本装帧在扇面或相框里，制作成一幅栩栩如生的兰花标本艺术相框或一把团扇。	30 分钟
环节六	讨论分享	以小组或个人，以自然表演、自然笔记点评、个别采访等方式，对今天的收获进行分享。	10 分钟

4 教学流程

环节一：自然游戏

目　标　开场和导入。

时　长　10 分钟。

地　点　兰科中心自然教育园区，或公园、保护区等户外场所。

教　具　无。

流　程　
❶ 引导员自我介绍及场地介绍，参加者分组；
❷ 自然寻宝游戏。

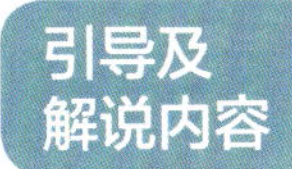

致欢迎词

大、小朋友们好！我是 XXX（自然名），欢迎你们来到神秘的兰花王国。我身后就是全国最大的兰花保育基地，这里生活着 2000 多种形态各异、色彩丰富的精灵般的兰花，也是我们今天活动的主场地。来到兰花王国，马上要和精灵般的兰花来场邂逅，此时此刻大家是怎样的心情？用你们的眼神和声音来跟我打个特别的招呼。

问题思考，主题导入

大、小朋友们家里有养过兰花吗？精灵般的兰花又是长什么样子的呢？为什么兰花是世界级的珍稀濒危物种？我们人类又该如何保护和科学地利用它呢？兰花王国里是不是只有兰花呢？带着这些问题，我们即将开始今天的“探秘兰谷，遇见‘兰精灵’”课程。在开始之前我们先玩一个“兰园寻宝”的小游戏。

游戏说明

召集所有的参加者来到园里规定区域内；然后，进行分组，五人或者六人一组，每组发放“宝物清单”和一个自封袋。“宝物清单”里列出组员需要一起找到的自然宝物。

请大家参照“宝物清单”，在园里规定区域内寻找自然物：叶子、果实或种子、花、石头、树枝……每一类“宝物”寻找一种就可以，看看哪个组找得快。

“宝物清单”根据季相变化进行调整。需向参加者说明“兰园寻宝”活动仅在规定园区内进行，只捡安全无害的自然掉落物。“宝物清单”参考如下。

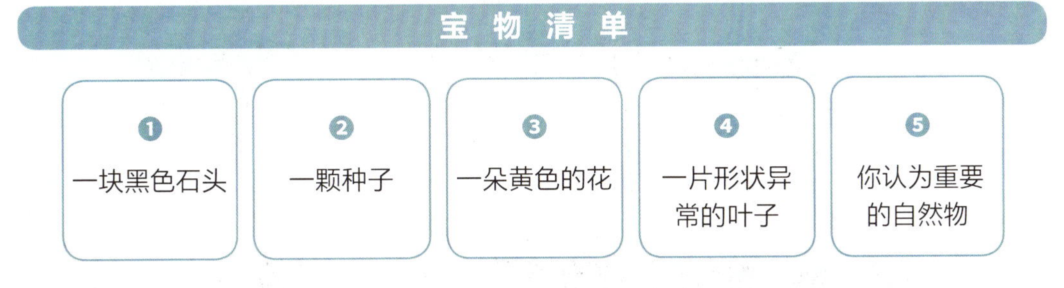

环节二：科普馆闯关

目　标	❶ 能识别兰花，了解兰花的多样性、有趣的生命现象、濒危级别； ❷ 了解兰花与人类生活的联系； ❸ 了解物种相互依存、共同繁衍的生态知识； ❹ 了解世界组织及科学家为保护兰花所作的努力。
时　长	20 分钟。
地　点	兰科中心科普馆。
教　具	纸、笔、任务单。
流　程	根据兰科中心科普展馆陈设配套设计了学习任务单，提出 12 道科学问题。参加者带着问题去听引导员讲解，讲解结束后有 5 分钟时间作答，答对即闯关成功，进入下一个环节。
引导及解说内容	兰科中心科普馆于 2017 年第 19 届国际植物学大会在深圳举办期间正式对外开放，是面向公众开放的兰科植物专类科普馆。馆内面积 300 多平方米，包括“长河拾馨”“兰花踪影”“扬扬其芳”等 6 个版块内容，通过图文、视频、虚拟现实技术（VR）体验、互动游戏等多种形式向公众宣传普及兰科植物相关的保护、科学及文化等知识，同时展示兰科中心开展的科学研究和取得的科研成果，提高公众濒危物种保护意识和科学素养。 接下来，让我们一起了解兰花神奇奥妙的生命现象，了解科学家们为揭开兰花之谜所作的艰辛努力及取得的重大成就，了解国际组织和中国政府对兰科植物保护的积极行动和取得的成果。

科普馆闯关

1. 兰花家族

兰科植物（俗称兰花），全世界约 800 属 30000 种，约占世界被子植物种类的 10%，是植物界第二大家族，单子叶植物第一大家族。兰科分为五大亚科，分别是拟兰亚科、香荚兰亚科、杓兰亚科、兰亚科和树兰亚科。其中，拟兰亚科是最原始的类群，又称假兰；杓兰亚科包括杓兰属和兜兰属，均为我国一级和二级保护野生植物，有着"植物中的大熊猫"之称。

2. 兰花踪影

大多数人印象中的兰花很娇贵，不好养，其实兰花的抗性和适应性很强，除两极和极端干旱的沙漠地区以外，所有的陆地生态系统中都能找到兰花的踪影，全世界 30000 种兰花以热带地区分布最多。我国的兰科植物资源丰富，有 200 余属，接近 1900 种，主要分布于西南和华南地区，其中以云南和四川的种类最多。

3. 兰花的生长习性

兰花的生长方式多样， 分为地生、附生和腐生。地生顾名思义生长在地面土壤层，如兰属、兜兰属、鹤顶兰属等种类。附生指附着在树干或石头的表面，又分为石上附生和树上附生，如蝴蝶兰属、石斛属等种类。它们有发达的气生根，依靠气生根从空气中和宿主表面的枯枝落叶中吸取水分和矿物质。与寄生植物不同的是，它们不会汲取宿主的养分，不会对宿主的生长造成任何影响。腐生兰无绿叶，无法进行光合作用，终身需要与细菌或真菌共生，通常生长在密林下腐殖质很丰富的土壤中，一年四季只有在花期才能偶遇到，如天麻、大根兰等。

4. 兰花的传粉趣事

大部分兰科植物的花朵以花蜜、脂类和香味物质等作为报酬提供给传粉昆虫。这类兰花与它的传粉者协同进化出十分精巧的花部结构，仿佛量身定制一般，如血叶兰与菜粉蝶、多花脆兰与蜂类等。其中，多花脆兰除了以花蜜作为奖励吸引蜂类为其传粉外，还可以借助雨水传粉。它的盛花期在每年 8~9 月的雨季，借助雨水的拍打弹开药帽，花粉团流入柱头腔中，从而完成自花传粉。

约 1/3 的兰科植物不为传粉昆虫提供任何物质作为报酬，而是通过模拟有报酬的花的花部结构、气味、颜色，或模拟雌性昆虫、产卵地的特征等各种欺骗性手段欺骗或诱惑传粉昆虫访问其花朵，得以实现有性生殖。例如，长瓣杓兰模拟成食蚜蝇的产卵地，引诱食蚜蝇访花完成传粉；又如眉兰属的唇瓣形态与雌性蜂类相似，并释放出雌蜂的性激素，巧施“美人计”，利用性欺骗手段诱骗雄蜂为其传粉，堪称兰花界最狡猾的传粉行为。

5. 兰花的药用价值

药用兰科植物在中国有着 2000 多年的利用历史。唐代医学经典《道藏》将铁皮石斛列为“中华九大仙草”之首。除铁皮石斛外，白及、金线莲、石仙桃、天麻等也是传统中药。白及可以治疗皮肤烧伤、牙龈出血等；石仙桃又称石橄榄，具有消炎镇痛的作用；天麻又称“定风神草”，有着良好的祛风定惊、平肝熄风的作用……。现代研究表明，兰科药用植物的化学成分主要包括菲类、联苯类、黄酮等，药理活性主要包括抗菌、抗癌、降血糖、降血脂等作用。

6. 达尔文兰花

兰花与昆虫协同进化的关系十分密切，演化出极其多样化的传粉系统和繁殖策略。著名的达尔文兰花便是其中的典范。这是一种原产马达加斯加的彗星兰，它有长达 11.5 英寸[①]的花距，仅底部 1.5 英寸处才有花蜜。达尔文大胆预测：在马达加斯加必定生活着一种蛾，它们的喙能够伸到 10~11 英寸长。在 41 年后，该蛾终于在马达加斯加被找到，验证了达尔文的猜想，揭开了著名的达尔文兰花之谜。此后，兰科植物极高的科研价值和众多未解之谜得到科学家的广泛关注。

7. 兰花的保护

全世界所有的野生兰科植物均被列入《濒危野生动植物种国际贸易公约》（CITES）的附录Ⅰ和附录Ⅱ，国际贸易受到禁止或严格限制。为减少人为的破坏，科学家们通过设立自然保护区、部分进行迁地保护和野外回归等保护生物学研究，有力地促进了兰科植物种质资源的恢复。

注：① 1 英寸 =2.54 厘米。

8. 任务单

❶ 兰花种类非常丰富，全球约 30000 种，属于单子叶植物中的第几大类？

A. 第一　B. 第二　C. 第三　D. 第四

❷ 兰花属于下列植物中的哪一类高等植物？

A. 苔藓植物　B. 蕨类植物　C. 裸子植物　D. 被子植物

❸ 最早出现的兰花属于下列哪一类群？

A. 拟兰亚科　B. 香荚兰亚科　C. 杓兰亚科　D. 兰亚科　E. 树兰亚科

❹ 下列哪一类生态习性兰科植物中没有？

A. 地生　B. 寄生　C. 附生　D. 腐生

❺ 中国兰科植物集中分布在哪个区域？

A. 华北　B. 华中　C. 华南

❻ 天麻的生态习性属于下列哪一种？

A. 寄生　B. 附生　C. 水生　D. 腐生

❼ 亨利兜兰属于下列哪一个亚科？

A. 香荚兰亚科　B. 杓兰亚科　C. 兰亚科　D. 树兰亚科

❽ 下列哪一种兰花不仅利用昆虫为其异花传粉，还能利用雨水完成自花传粉？

A. 血叶兰　B. 眉兰　C. 多花脆兰　D. 大根槽舌兰

❾ 眉兰属植物的传粉是否属于产卵地欺骗传粉？

A. 是的　B. 不是

❿ 下列哪一种兰花常用于外伤止血？

A. 铁皮石斛　B. 金线莲　C. 白及　D. 天麻

⓫ 大彗星兰又被称为下列哪一种兰花？

A. 拉马克兰　B. 林奈兰　C. 达尔文兰

⓬ 所有野生兰科植物都已被列入《濒危野生动植物种国际贸易公约》（CITES）附录中，严格限制或禁止国际贸易。

A. 是的　B. 不是

环节三：兰园导赏与自然观察笔记

目　标	❶ 接触兰花和自然； ❷ 能识别兰花，了解兰花的多样性、有趣的生命现象、濒危级别； ❸ 了解兰花与人类生活的联系； ❹ 了解物种相互依存、共同繁衍的生态知识； ❺ 了解世界组织及科学家为保护兰花所作的努力； ❻ 培养对兰花的喜爱、关注、尊重。
时　长	50 分钟。
地　点	兰科中心兰园（深圳兰谷）。
教　具	放大镜、纸、笔等。
流　程	引导员带队参观导赏，科学观察并制作自然观察笔记。

引导及解说内容

梧桐山下，东湖之畔，坐落着兰园，也是我们即将参观的地方。这里是国家级兰科植物种质资源保育核心基地，来自世界多地的 2000 多种 160 万株珍稀濒危兰花在这里安家，繁衍后代，这里成为野生兰花生长的伊甸园。这里四季更替，不同种类的兰花依次盛开，鸟语花香，蝴蝶翩飞，美如画卷。在这里能欣赏到千姿百态的自然之美，感受人与自然和谐相处的美景。

进入兰园，大家要跟紧引导员队伍，仔细聆听引导员科普讲解，可以借助放大镜等工具观察兰花或园里的其他植物，如蕨类、苔藓、

兰园

水石榕等，认识蝴蝶、鸟类、蛇等动物，了解它们的形态特征、生活习性等知识，了解生态系统的概念，掌握兰花的识别方法，然后将观察到的自然世界通过画笔和文字记录下来，自由创作自然观察笔记手抄报，展现你们眼中的兰谷和自然。

1. 如何识别兰花？

兰花具有独特的“验证码”，较容易与其他植物区别开来。

❶ 大多数兰花的花朵都是两侧对称（图 2–1a）。

❷ 兰花通常有 6 枚花被片，其中一枚花被片特化，明显与其他花被片不同，被称为唇瓣（图 2–1a）。唇瓣的色彩和形态丰富多变，在兰科植物的传粉过程中扮演着重要角色。

❸ 雄蕊和雌蕊合生为一个柱状体，通常为圆柱形，称合蕊柱（图 2–1b）。

❹ 兰花的花粉大多都是黏合成团块的花粉团（图 2–1c）。

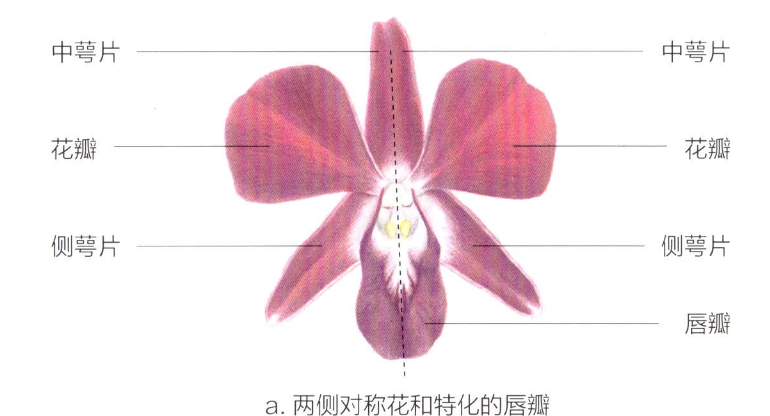

a. 两侧对称花和特化的唇瓣

药床
花粉团
蕊喙
柱头腔

b. 雌雄蕊合生的合蕊柱

花粉团
黏盘柄

c. 块状的花粉团

图 2–1 兰花独特的“验证码”

2. 兰花“明星”物种介绍

“植物中的大熊猫”——麻栗坡兜兰

国家一级保护野生植物，在我国产于广西、贵州和云南。小型地生草本。叶正面生有深、浅绿色相间的网格斑，背面有紫色斑点。花莛直立，长可达 60cm，顶生 1 朵花；花径约 10cm，碧绿色带有紫褐色条纹或斑点，唇瓣接近球形，散发淡淡的果香味。兜兰属植物的唇瓣呈囊状，颇似女性的拖鞋，因而被称为拖鞋兰、仙履兰。该种凭借其青绿的花色和硕大、浑圆、饱满的唇瓣，多次在国际兰展上获得金奖，更是有了“玉拖”的雅号。

“王者之香”——春兰

国家二级保护野生植物。小型地生植物，属于“国兰”类。叶线形，急尖，外弯，边缘有锯齿。花莛直立，远短于叶片，具单朵花，极罕 2 朵。花直径约 5cm，通常黄绿色带紫棕色脉纹，芳香。它是兰花中最珍贵的种类之一，姿态高雅、花朵幽香，早在孔子生活的时代（公元前 500 年），就被视为君子，象征着高洁典雅的品格，形成了源远流长的兰文化。

“救命仙草”——霍山石斛

中国特有种，国家一级保护野生植物。中型附生植物。茎直立，粗短，从基部上方向上逐渐变细。叶互生，斜出，舌状长圆形。花莛从落了叶的老茎上部发出，疏生 1 或 2 朵花。花开展，直径约 2.5cm，淡黄绿色，唇盘近基部密生有白毛和黄色横椭圆形斑块。它具有极高的药用价值，为古代宫廷御用药材，俗称“软黄金”，具有滋阴润肺、强身健体、延年益寿的作用。

“香料之王”——深圳香荚兰

中国特有种，国家二级保护野生植物。大型攀缘附生植物。茎长达 1.5cm，分枝，生有多枚叶。叶椭圆形，先端钝，基部短柄状。花序腋生，长约 5cm，通常生有 4 朵花。花不完全开展，直径约 4cm，黄绿色，唇瓣紫红色且具白色附属物。它是重要的香料植物，果荚中含有一种天然的香料物质——香兰素，是高档食品的调香剂。

中眼镜蛇石豆兰

原产非洲热带地区。附生在林中阴湿树干上。花莛长达50厘米，从假鳞茎的基部长出。长长的花梗深紫色，弯曲，看上去仿若盘旋在绿叶丛中间的眼镜蛇；花梗两面的中肋上排列一排小花，散发麝香味。花全部凋谢后，花梗仍能持续达2个月才枯萎。一片花梗的视觉效果更为抢眼。

章鱼兰

伯利兹国的国花，因奇特的花形酷似《海贼王》中海王类的小章鱼（虽然是只5爪小章鱼）而得名。半椭圆形唇瓣上面生有一些纵横交错的线条花纹，像极了海扇贝，因此又俗称扇贝兰。它的假鳞茎肥厚、多汁，长圆形，两侧压扁成饼状，长可达20cm。春季开花，花期可持续半年。花莛长达40cm，生有许多依次绽放的花，略带芳香。

腋唇兰

原产南美洲墨西哥、危地马拉、哥斯达黎加等地区，常生于海拔1500米以下的森林中。植株基部有扁平状假鳞茎，线形的叶从假鳞茎顶上抽生而出，柔软并弯垂。花梗从假鳞茎基部抽出，疏生2~3花，花色鲜红至暗红，具有奶油巧克力味浓香，有人觉得此香味如咖啡，因此它又被称为咖啡兰。现今已可大量人工培植，用于园艺观赏。

"洋兰皇后"——华西蝴蝶兰

国家二级保护野生植物，中型附生植物。气生根发达，长而弯曲。花时无叶或具1~2枚存留的小叶。花序斜立，疏生2~5朵花；花白色带淡粉红色或全体淡粉红色。华西蝴蝶兰因花形似蝴蝶翩翩飞舞而得名，花期长，色泽丰富，花形别致，是最受欢迎的盆栽兰花之一，被誉为"洋兰皇后"。

环节四：兰花科学种植实操

目标	❶ 学习兰花种植方法； ❷ 科学地种植兰花。
时长	30 分钟。
地点	兰科中心 2 号智能温室。
教具	手套、兰花组培苗、松树皮等栽培基质。
流程	❶ 引导员带队讲解参观兰科中心 2 号智能温室——兰花人工繁育温室，了解兰花从一粒粉末状的种子经过人工繁育长大成苗，再放回野外的整个保护历程，掌握兰花科学种养方法； ❷ 兰花组培苗上盆、换盆等实操体验。

引导及解说内容

2 号智能温室通过人工控制温湿度，给兰花的生长提供合适的环境。研究者们选取具有较高经济价值、保护价值的野生兰花种源，利用种子无菌萌发快速繁殖的方法，大规模培育种苗。在这里，我们能看到兰花种苗的各个生长阶段，有组培瓶苗、幼苗、中苗到成苗。这些成苗最终一部分在兰科中心的科研人员的帮助下回归野外，重建野外种群；在保护的基础上，另一部分经济价值较高的种苗将推向市场，做观赏或药用，满足人们的需求。

下面我们将进行兰花组培小苗的移栽实操。首先，轻轻摇晃组培瓶，让组培瓶里的小苗根部松动，接着把组培瓶里的兰花小苗拿出来，用清水清洗小苗根部的培养基，再稍微晾干根部水分。然后，在种植塑料杯里放入 1/3 的兰花种植基质——松树皮，将兰花小苗放到盛有松树皮的种植塑料杯里，保证小苗茎部裸露，周围填满松树皮。最后，轻轻颠实种植塑料杯，让小苗的根部充分与松树皮接触，再排列整齐放入苗床中。

兰苗种植实操

环节五：兰花标本艺术创作

目　标	❶ 学习兰花标本制作方法； ❷ 培养对兰花的喜爱、关注爱惜的态度。
时　长	30 分钟。
地　点	兰科中心自然教室。
教　具	镊子、剪刀、胶水，兰花蜡叶标本、蕨类和果实等自然材料，艺术相框或团扇。
流　程	❶ 材料介绍； ❷ 自由创作。
引导及解说内容	把植物标本装帧在相框或团扇上面，不仅可以供人科学观察植物的形态特征，也是一件精美的艺术品。接下来请大家一起来创作一个兰花标本艺术作品。 我们为大家准备了兰花蜡叶标本，还有蕨类、果实等自然材料，艺术相框或团扇。大家可以把兰花标本和其他植物按照自己的想法进行搭配，然后用镊子、剪刀、胶水把它们装饰在扇面或相框里，题字写诗，制作成栩栩如生的兰花标本艺术相框或团扇。

标本创作

环节六：讨论分享

目标	课程实施的效果评估。
时长	10 分钟。
地点	兰科中心自然教室。
教具	课程满意度调查表。
流程	❶ 发放满意度调查表； ❷ 参加者填写后交回工作人员。
引导及解说内容	请大家回顾本次课程活动，哪些环节或者时刻是自己最感兴趣或者印象最深的，然后结合自己的自然笔记作品自愿按原则分享自己的感受。 接下来给大家发放课程满意度调查表，请每人填一下这个表格，作为对本次课程的反馈和评估。希望大家的真实反馈让我们的课程越做越好。 最后，感谢大家参与本次课程，希望大家通过了解兰花，能喜爱它们、关注它们、保护它们。谢谢！

5 教学实践

课程开展情况

2020 年至今，在深圳市兰科植物保护研究中心自然教育园区，面向公众和青少年参加者开展“探秘兰谷，遇见‘兰精灵’”自然教育课程 100 多场次，直接受众超过 1 万人次，活动受到公众的一致好评，被列为优秀自然教育样板课程。

课程组织方式：与中小学联动，成立兰花创客社团，提前预约；通过微信公众号等进行课程招募；邀请中小学生与社区居民参与。

引导员和参加者配比 1 ：30；助理引导员若干（分发物资、引导观察、安全管理）；摄影人员 1 名。

兰园导赏与科普讲解

做自然笔记

自然寻宝

引导员实践

潘云云

深圳市兰科植物保护研究中心科普科教部副部长

以兰为媒，对话自然；以兰之名，传播科学。“探秘兰谷，遇见‘兰精灵’”课程充分挖掘基地特色，结合季相变化，带领公众认识千姿百态的兰花，探索神奇奥妙的自然。以有趣的科学、人文故事向公众传递兰花的多样性、形态特征、传粉策略、兰文化等相关知识，激发公众对兰花、自然的喜爱之情，形成人人自觉保护濒危物种、爱护自然的良好社会风气。

本课程同时将科学观察、自然笔记与实操体验相结合，培养参加者的观察力、创造力、想象力和动手能力，提高其科学素养和技能。

参加者实践

孟同学

学生

通过“探秘兰谷，遇见‘兰精灵’”课程活动的学习，我认识了兰花的许多种类、兰花分布的地区，知道兰花是极度濒危的物种，需要我们共同的保护，希望能有更多参观和学习的机会。

丁先生 / 女士

学生家长

兰科中心的引导员引导参加者和家长们一起探秘兰园，近距离接触、科学观察自然之兰，解锁有关兰花的各种知识，体验感很强。通过这次课程学习，孩子了解了植物的种类，知道了各种各样的兰花基础知识，如生长方式、生长环境等，对兰花以及我国的传统兰文化有个初步的认知。希望多多举办这样的活动，让孩子们走进大自然，在自然中学习、成长。

秋

学生家长

兰花科普活动太有意思了！有专业老师讲解 800 亩[1]兰科基地，还有用兰花标本制作团扇。这样的活动太有意思了，建议多带小朋友来看看。

树

学生家长

被我称为“哇——哇——哇——”之旅，因为太迷人了，全程我们都在惊叹。

常带孩子去野外，看到一株兰花，都会惊喜得要命，知道兰花生存是很有智慧但是又不容易的。来到这里，扑面而来的兰花，让人应接不暇。并且能够看到传说中的兰科植物的各种智慧：拟态的、拟香的、与动物协同演化的……怪不得令达尔文也着迷呢！

注：① 1 亩 = 1/15 公顷。

6 课程评估

以满意度调查问卷、访谈等多种形式进行效果评估。

评估结果

满意度达到 100%。附课程满意度调查表回收样表。

课程满意度调查表

满意度调查表

您好！感谢您参与本次活动，为提高下次活动的质量和服务，增进大家的感情，我们希望了解您对本次活动的意见和看法，希望你能认真、详实的填写该调查表，在此，感谢您的支持。

活动名称	兰花科普			
时间	2022.5.8			
实施地点	兰科中心			
满意度调查表				
请您在以下选项中选择合适的选项，并打上√				
您对活动的总体评价是：	A 非常满意 √	B 满意	C 不满意	D 极不满意
您对此次活动的工作人员的总体评价是：	A 非常满意 √	B 满意	C 不满意	D 极不满意
您对活动安排路线的评价是：	A 非常满意 √	B 满意	C 不满意	D 极不满意
您认为活动是否有教育性、科学性、趣味性、对实施是否满意：	A 非常满意 √	B 满意	C 不满意	D 极不满意

通过这次活动您收获了什么？

我了解了兰花的生活习性，见识了各种兰花。

您的意见或建议是：

无

反馈人：陈语恩　　单位：　　联系手机：18666201620

满意度调查表

您好！感谢您参与本次活动，为提高下次活动的质量和服务，增进大家的感情，我们希望了解您对本次活动的意见和看法，希望你能认真、详实的填写该调查表，在此，感谢您的支持。

活动名称	兰花科普			
时间	2022.5.22			
实施地点	国家兰科中心			
满意度调查表				
请您在以下选项中选择合适的选项，并打上√				
您对活动的总体评价是：	A 非常满意 √	B 满意	C 不满意	D 极不满意
您对此次活动的工作人员的总体评价是：	A 非常满意 √	B 满意	C 不满意	D 极不满意
您对活动安排路线的评价是：	A 非常满意 √	B 满意	C 不满意	D 极不满意
您认为活动是否有教育性、科学性、趣味性、对实施是否满意：	A 非常满意 √	B 满意	C 不满意	D 极不满意

通过这次活动您收获了什么？

学习了兰花的基础知识，如三种生长方式、演化方式、习性分布；通过参观兰园对学到的书面知识进一步加深了具体的印象。兰花是多种多样、美丽、生命力及繁衍能力强的植物，我们要保护它们的生存环境。

您的意见或建议是：

本次活动从组织到内容安排都非常好，希望未来多组织类似的活动。

反馈人：周明辉　　单位：　　联系手机：13590355646

7 延展阅读

知识点及定义说明

兰花的形态特征

兰科植物（Orchidaceae）俗称兰花，多为地生、附生或菌根营养型（腐生），罕见攀缘藤本。为了适应其生存环境，兰花也演化出不同的根、茎、叶结构。地生与腐生种类常具有块茎或肥厚的根状茎、块茎、肉质根，叶基生或茎生。附生种类通常有由茎膨大而成的假鳞茎、发达肉质茎和气生根，叶扁平、圆柱形或两侧压扁，通常互生或生于假鳞茎顶端或近顶端。

兰花通常具有 6 枚花被片，常两侧对称；最外一轮 3 枚花被片被称为萼片，侧生的萼片有时与蕊柱足贴生形成萼囊，有时合生成合萼片；内轮 3 枚花被片称为花瓣，中间花瓣特化成唇瓣，明显不同于两侧花瓣；两侧花瓣有时与中萼片合生成兜状。雌雄蕊合生成合蕊柱，是兰花最重要的识别特征，其蕊柱顶端通常具药床和 1 个花药，花粉团状，腹面有 1 个柱头穴，柱头与花药之间的舌状器官，被称为蕊喙。兰科植物的花粉黏合成花粉团块，包含 2 个或多个花粉团、黏盘柄或花粉团柄和黏盘；有些种类不具有花粉团柄或黏盘柄。兰花的果实多数为蒴果，圆柱形，成熟时沿棱线开裂。种子多，几千至几百万粒，呈粉末状，小而轻，无胚乳。

兰花的繁殖和生活史

兰花的繁殖分为无性繁殖和有性繁殖。无性繁殖即克隆繁殖，包括分株繁殖、扦插繁殖等。墨兰、兜兰等地生兰无性繁殖多采用分株繁殖的方法，该方法能保持个体性状的稳定，但繁殖速度慢。有性繁殖即种子萌发繁殖。兰花的种子极小，不含胚乳，在自然状况下的繁殖率很低，需要人为提供适应的光照、温度、湿度、种子萌发需要的营养，创造兰花种子萌发的条件——组织培养（图 2-2）。

图 2-2 人工组培兰花瓶苗

兰花的生物多样性保护

野生兰花种质资源是生态系统的重要组成部分，是品种选择和育种的物质基础。其中，许多种类是名贵的中草药，与我们的生活密切相关。自 20 世纪以来，由于人们的乱采滥挖、无序贸易和走私、加之土地开垦和森林砍伐导致野生兰科种群不断减少，许多兰花种类面临濒危甚至绝灭危险，对兰花的保护上升到全球性的问题。保护濒危兰花，其实就是保护地球，造福人类社会。

- 1973 年，IUCN（世界自然保护联盟）联合各国政府制定的《濒危野生动植物种国际贸易公约》（简称 CITES）中，全世界所有的野生兰科植物种类均被列入该公约的保护范围，成为植物保护中的"旗舰"类群，国际贸易受到禁止或严格限制。

- 2001 年中国启动实施"全国野生动植物保护及自然保护区建设工程"，兰科植物被列入工程十五大物种之一。通过划建自然保护区、保护小区，增设保护站点等措施，对包括兰科植物在内的珍稀濒危野生植物及其生境实施抢救性保护。

● 2005 年，国家林业局在深圳建立“全国野生动植物保护及自然保护区建设工程——全国兰科植物种质资源保护中心”，深圳市 2006 年成立了深圳市兰科植物保护研究中心，开展极度濒危兰科物种的迁地保护和种质基因资源保存工作。兰科植物保护技术的科学研究，有序推动了兰花产业的发展健康，通过人工培育资源满足了社会需求，缓解了野外资源的保护压力。

● 2021 年，国家林业和草原局（国家公园管理局）、农业农村部发布《国家重点保护野生植物名录》，野生兰科植物 29 种和 8 类首次被列入该名录中。

国家重点保护野生兰科植物介绍

美花兰

兰属 *Cymbidium*

附生或地生兰，罕有腐生。我国有 60 余种，美花兰和文山红柱兰被列为国家一级保护野生植物，其余为国家二级保护野生植物（兔耳兰除外）。

金线兰

金线兰属 *Anoectochilus*

多为地生兰，叶面常具网脉纹。我国约有 22 种，均为国家二级保护野生植物。金线兰是我国珍贵的传统中草药，素有“药王”“金草”等美称。

杓兰属 *Cypripedium*

多年生地生兰，唇瓣囊状，我国有38种，其中，暖地杓兰被列为国家一级保护野生植物，其余为国家二级保护野生植物（离萼杓兰除外）。

暖地杓兰

丹霞兰属 *Danxiaorchis*

腐生兰，无叶，不能进行光合作用，需要与真菌共生。我国特有属，仅包含 2 种，均被列为国家二级保护野生植物。

丹霞兰

石斛属 *Dendrobium*

附生兰，茎肉质、多节。我国约有 115 种，其中，霍山石斛和曲茎石斛被列为国家一级保护野生植物，其余均为二级保护野生植物。石斛属许多种类具有极高的药用价值，被列为“中华九大仙草”之首。

铁皮石斛

兜兰属 *Paphiopedilum*

地生兰，与杓兰属形似，花朵中硕大的兜形唇瓣像拖鞋，统称“拖鞋兰”。我国有 40 余种，除带叶兜兰和硬叶兜兰为二级保护野生植物外，其余种类均为国家一级保护野生植物。

硬叶兜兰

美丽独蒜兰

独蒜兰属 *Pleione*

半附生兰，假鳞茎卵形至圆锥形，通常顶生一片叶子，又称“一叶兰”。其假鳞茎具有很高的药用价值，被称为“冰球子”，有清热解毒、化痰散结的功效。我国有 23 种和 6 个自然杂交种，均被列为国家二级保护野生植物。

火焰兰

火焰兰属 *Renanthera*

攀缘类附生兰，茎粗壮且质地坚硬，耐干旱和强光，花色艳丽，远观如绚丽火焰般，花瓣和萼片张开形如中文“火”字。我国仅 3 种：火焰兰、云南火焰兰和中华火焰兰，均被列为国家二级保护野生植物。

推荐阅读书目及文献

- 《世界珍奇兰花》， 潘云云、饶文辉，中国林业出版社，2022
- 《精灵山谷探险记》，潘云云，江苏凤凰科学技术出版社有限公司，2022
- 《深圳野生兰花》，陈建兵、王美娜、潘云云、饶文辉，中国林业出版社，2020

8 课程机构

深圳市兰科植物保护研究中心

深圳市兰科植物保护研究中心（以下简称兰科中心）成立于 2006 年，挂牌国家林业和草原局全国兰科植物种质资源保护中心，占地约 800 亩，以兰科植物为主要特色，建有 200 亩国家级的兰科植物种质资源保育核心基地和 350 亩迁地回归实验基地，保育来自世界多地的珍稀濒危兰花超过 2000 种，活体植株 160 多万株；另建有近 8000 平方米的兰科植物专业组培室和保育标准化温室，近 3000 平方米的兰科植物保护与利用国家林业和草原局重点实验室，以及兰科植物专类科普馆、标本馆等配套设施。

兰科中心坐落在梧桐山脚下，位于深圳市罗湖区梧桐山河流域。这里生态优良，物种丰富，是一座自然宝藏。这里还是世界自然保护联盟（IUCN）兰花专家组亚洲办公室、广东省联合培养研究生示范基地、博士后创新实践基地、全国林草科普基地、广东省科技专家工作站、广东省科普教育基地、深圳市科普基地、深圳市兰科植物自然教育中心等挂牌单位所在地。兰科中心融合兰花物种保护、科学研究、产业开发、科普及兰文化传播于一体，是我国重要的以“兰”为特色主题的自然教育基地。

9 引导员笔记

探访最美古木棉

有一种植物，它树干挺拔高大，浑身是刺，如卫兵自带盾牌；它盛开时，似火焰般热情，让鸟儿为之疯狂；它结果时，似飘雪般浪漫，给广府小朋友们带来“捡棉花”的快乐童年……这种植物，就是木棉。

木棉因其生存的智慧和各种有趣的特征，深受岭南人民的喜爱，且一直造福着岭南。粤人常常捡拾木棉棉絮，做棉衣、棉枕等。在岭南，木棉花也被视为春暖的信号，当地流传着“红棉开，春暖来”的民谚。木棉花开时节被人们视作寒和暖的分水岭。

在广州市中山纪念堂东北角，有一棵逾350岁的古木棉，曾被评为“中国最美木棉”。这株“木棉王”不仅是纪念堂一角的美景名树，更是广州市弘扬和保护古树历史文化的“代言树”。

“探访最美古木棉”课程，便是带领大家走近这棵最美古木棉，观察它、欣赏它和保护它。

课程“探访最美古木棉”是广州市林业和园林科学研究院（以下简称园科院）以木棉为对象开展的科技资源科普化课程之一。

课程以园科院在古树名木保护方面的科研成果为背景，充分挖掘中山纪念堂最美古木棉这一独特的场地资源，通过知识讲座、科学实践及艺术创作的方式，带领参加者分别以“木棉观察家”“木棉科学家”“木棉医生”和“木棉艺术家”的身份近距离观察、了解木棉的形态特征和文化内涵，学习树木保护科学知识，建立参加者与木棉古树之间的情感联结。

本课程的设计与实施，有利于克服书本知识和课堂教学的时空局限，扩宽参加者视野和认知范围，可应用于中小学综合实践活动、校外科技教育活动、研学、自然教育、环境教育等场景。

1 教学背景

背景一：科技资源科普化

园科院自成立以来，一直致力于园林植物保护和古树名木保护相关技术研究与产品开发，形成了“树龄鉴定、健康诊断、安全评估、巡查养护、抢救复壮”等全国领先的一套系统的保护技术体系，培养了一批具有树木保护专业知识的“植物医生”，多年来持续为中山纪念堂最美古木棉量身定制科学完善的保护措施，通过专项保护，促进古树整体良性生长，尽显苍翠之色。

园科院经年累月的努力，孕育了丰富的科研成果，独创了特色的科技资源科普化，丰富了科普资源体量，为教育工作提供切实可靠的科学内容；同时，通过其独有的科学实验、科研体验、技术展示等环节，让更多人爱上科学，激发创新动力，培养后备科学人才。

每年，园科院的“植物医生”为古木棉“望、闻、问、切”——健康体检、立地环境提升、树体修复、生物防治等，为古木棉焕发新生机提供精心的养护。

背景二：南国木棉红

木棉作为广州的市树，既是广州众花中的颜值担当，又是广州这座英雄城市的精神象征，也是广州市珍贵的古树储备资源，不仅代表着一个城市独具特色的人文景观、文化底蕴、精神风貌，也体现着人与自然的和谐统一。

中山纪念堂有一株植于清代康熙年间的古木棉，树高 27 米余，非常雄伟，树龄有 350 多年，被评为“中国最美木棉”，很多游客也尊称它为“木棉王”。它是广州市弘扬和保护古树文化的“形象代言人”。

虽然本课程是围绕这一棵特定的木棉树开展，但是在所有有木棉的地方，都可以开展认识木棉的课程，同样可以达到教育参加者感受自然、认识植物、保护植物的目标。

背景三：植物医生系列课程

“探访最美古木棉”是园科院设计的植物医生系列课程中的一课。

该系列课程通过园科院在植物保护研究领域的科研成果和创新技术，让市民了解城市“植物医生”这一特殊职业，推广普及树龄鉴定、树木健康及安全性评估、树木抢救复壮等树木保护相关科学技术，进一步传播人与自然和谐共生的生态文明理念。

2 教学信息

设计者	广州市林业和园林科学研究院 吴毓仪、王伟、廖海娜、毕可可、钱磊、冯毅敏、邓瑛
课程目标	觉知目标： • 通过观察、感知木棉的自然美，对树木形成精神上的向往和爱意； • 意识到木棉的美不是给人看的，而是给鸟儿展示的； • 意识到木棉的特征与其生存密切相关。 知识目标： • 了解木棉的形态特征； • 学习木棉在生态系统中的价值； • 学习古树名木的健康安全性评估、抢救复壮知识。 态度目标： • 增强对古树的爱护之情； • 培养爱绿护绿的意识并愿意向身边的人传达。 技能目标： • 学会区分木棉与其他树木的不同； • 学会读取树木挂牌信息； • 初步学会判断树木生长情况及健康安全性评估的指标。 行为目标： • 能够在未来的生活中爱绿护绿； • 学会发现树木存在的安全隐患并求助相关人士。
对象	中小学生以及亲子家庭。
场地	❶ 室内：多媒体课室； ❷ 户外：广州市中山纪念堂东北角古木棉生长区，具备使用 TRU 树木雷达检测系统、PiCUS 弹性波树木断层画像诊断装置等仪器演示的条件。
时长	❶ 科普进校园时间为 40 分钟（环节二）； ❷ 科普进公园（中山纪念堂）时间为 140 分钟（环节一至环节五）。

3 教学框架

环节名称		环节概要	时长
环节一	木棉观察家——初见木棉王	户外观察木棉和欣赏木棉，收集参加者初见木棉第一印象。	10 分钟
环节二	木棉科学家——木棉的故事	开展木棉主题科普知识学堂，学习木棉的形态特征及其生态学意义、文化内涵，了解树木保护相关知识。	40 分钟
环节三	木棉医生——再见木棉王，望、闻、问、切	对照讲座的知识点，再次细致观察木棉并进行描述，对其生长情况作出初步判断，观看树木健康安全性评估的仪器展示。	50 分钟
环节四	木棉艺术家——手工创作	制作木棉花书签。	30 分钟
环节五	木棉守护者——你我共同守护	分享和总结。	10 分钟

4 教学流程

环节一：木棉观察家——初见木棉王

目　标　通过观察、感知木棉的自然美，对树木形成精神上的向往和爱意。

时　长　10 分钟。

地　点　户外最美古木棉旁。

教　具　激光笔、任务卡。

流　程

❶ 自我介绍，介绍活动的大致框架；

❷ 派发任务卡，带领参加者近距离观察最美古木棉整体形态及生长状况，记录木棉的形态，收集参加者对木棉的初步印象。

引导及解说内容

大家好，我是来自广州市林业和园林科学研究院的工作人员，也是今天的引导员。今天，我将给大家介绍我们工作中一个重要的研究对象——木棉，讲述它有趣的故事。

我今天会邀请大家分别体验观察家、科学家、医生和艺术家四种职业，从不同的角度验体来认识我们既熟悉又陌生的木棉。

首先，先请大家作为观察家，观察这棵木棉的特征，简单记录在任务卡的初见木棉王部分（展示任务卡，图 3-1），可以是绘画，也可以是文字记录。

图 3-1 任务卡

我们可以近距离触摸木棉的树干，体会是什么感觉，也可以捡拾掉落的木棉花朵摸一摸，感受它的质感，还可以闻闻花朵的气味。

接下来，让我们一起手拉手量一下树干的胸径，感受古树在年复一年、日复一日地生长下累积而成的大树干。

最后，我们还可以看看木棉的生长状况和它周围的环境。

观察结束后，大家可通过绘画、简单文字描述的形式，把自己心中对木棉的第一印象在任务卡上描绘出来。

环节二：木棉科学家——木棉的故事

目　标	❶ 了解木棉的形态特征； ❷ 学习木棉在生态系统中的价值； ❸ 学习古树名木的健康安全性评估、抢救复壮知识； ❹ 理解木棉的美主要是向帮助传粉的动物展示的； ❺ 意识到木棉的特征与其生存密切相关。
时　长	40 分钟。
地　点	多媒体教室。
教　具	演示文稿（PPT）、木棉棉絮、装了清水的水杯。
流　程	❶ 通过 PPT 讲解课程，穿插互动问答； ❷ 木棉棉絮“沉与浮”小实验。

引导及解说内容

1. 介绍木棉的形态特征及其生态学意义

刚刚我们作为木棉观察家，观察了木棉树，大家还记得它都有哪些特征吗？

——高大、笔直、红色的花朵、树皮上有刺……

是的，这些都是木棉的特征，我们再来一起了解一下这些木棉的特征吧。我们看看它的树干。

大家有谁敢去拥抱木棉树吗？

木棉树干上的刺，其实也会随着树龄增长逐渐消失。

为什么木棉树干上要长这么多刺呢？尤其年纪越小刺越尖？

长着瘤刺的木棉树干

这是木棉为了保护自己而形成的。在木棉的家乡，也就是印度和东南亚地区，有着许多大型的哺乳动物，它们不仅长得大，而且皮厚！它们通常会在树干上蹭痒。为了避免这些动物在幼小的木棉树上蹭痒，木棉树就长出了这些刺，且树龄越小刺越尖。当木棉树长得强壮起来，不再害怕这些动物蹭痒时，这些刺就会变得平坦。

看完了树干，我们再一起看一看它的花朵吧（图 3-2）！

图 3-2 木棉花的结构

大家刚刚有没有摸过木棉的花朵？是什么感觉？

木棉的花朵摸起来肉质感十足。你们有没有注意到木棉花朵里面有什么？

除了我们常见的花蕊，有没有人留意到里面的液体呢？

它是木棉花分泌的花蜜，下次我们见到可以尝一尝。这种花蜜浓度很低，主要是吸引鸟类来吸花蜜，从而帮助它传粉：木棉花鲜艳的颜色可以吸引鸟儿过来，但是因为鸟儿的味觉不是很灵敏，所以木棉的蜜虽多，但是并不甜。木棉花开的时候，我们常见到大量的鸟儿停留在木棉树上。

鸟在吸食木棉的花蜜

接下来，我们来看一看木棉的果实和种子。

生活在广州的你可能没留意过木棉的果实，但一定见过木棉的种子。我们在 5~6 月看到的“飞雪”就是木棉的种子在传播：一团团的棉絮里面可以看到黑色的种子。

这一团团的棉絮从哪里来的呢？大家可以看看图 3-3 木棉果实的结构，当果荚炸开的时候，木棉的种子就会带着棉絮飘出来，找到新的地方生根发芽。

木棉种子飘飞的场景

图 3-3 木棉果实的结构

木棉在春季红花盛开，是一种优良的行道树、庭荫树和风景树。木棉还全身都是宝：它的花可以作为五花茶的原材料，可以煲汤；它的棉絮蓬松且柔软，可以作为枕头、被褥等纺织物的填充料；它的种子可以供榨油，用于作机油或者制作成肥皂。

木棉对于其他生物，如鸟类，有巨大的生态价值：它可为鸟类提供栖息的地方；硕大的木棉花产生花蜜还可以储水，供鸟类饮用；很多的鸟类还会利用木棉絮来搭窝。

2. 互动问答

① 以下哪棵木棉树树干看起来更年老些?

② 右图中有几片完整的木棉叶?

③ 木棉花有几片花瓣?

④ 木棉瘤刺有什么用?

3. 木棉的文化内涵

我们刚才了解了木棉树的特征，接下来我们一起来了解一下这些特征背后有什么特殊的内涵。大家知道我们广州的市花是什么吗?

没错，就是我们今天认识的木棉花。木棉花不仅是市花，木棉树还被称作英雄树，它的树干笔直挺拔，常常比其他的树木高出许多，正红色的花朵又形似火焰，因此被赋予了“力争向上、英姿勃发”的意象。

木棉花被确定为广州市花也是因为它蓬勃向上的精神。

古人也非常喜欢木棉，关于木棉的诗词歌赋有很多，如清代陈恭尹的《木棉花歌》，专门歌颂木棉。

木棉花歌

陈恭尹

粤江二月三月来，千树万树朱华开。
有如尧时十日出沧海，又似魏宫万炬环高台。

覆之如铃仰如爵，赤瓣熊熊星有角。
浓须大面好英雄，壮气高冠何落落。

后出棠榴枉有名，同时桃杏惭轻薄。
祝融炎帝司南土，此花无乃群芳主。

巢鸟须生丹凤雏，落英拟化珊瑚树。
岁岁年年五岭间，北人无路望朱颜。

愿为飞絮衣天下，不道边风朔雪寒。

4. 木棉棉絮“沉与浮”小实验

谁 会 沉 下 水 ？

木棉的棉絮不容易吸水，并且非常轻，所以放入水中，它不会沉下去；木棉棉絮也是非常优良的浮力材料。

如遇参加者追问，可解释其中的原理如下：木棉纤维表面具有蜡质，因此不容易吸水；木棉纤维是天然生态纤维中最细、最轻、中空度最高的纤维材料，因此较轻。

5. 认识中国最美古木棉

让我们一起来观察这一棵位于中山纪念堂的古木棉树，看看和我们平常观察的木棉有什么不一样。

这棵来自中山纪念堂的木棉格外地高大粗壮，它被称为中国的最美古木棉，有 350 多岁了，是在清代康熙年间种植的，它高 27 米，胸围超过 600 厘米，胸径约 1.92 米，树冠覆盖的面积超过 800 平方米。刚刚有同学抱了它。请问需要多少个同学才能将它抱住呢?

对于这么高龄的木棉树，为了让它健康地生长下去，就需要我们的“木棉医生”出手了。

6. 木棉医生

“木棉医生”来自园科院，每年定期为中山纪念堂及全市的古树提供专业的“体检”和养护，确保古木棉和其他古树能够健康生长。

第一步，通过四大步骤进行“体检”，出具体检报告，也就是木棉的诊断书。

望：观察树木的枝干和叶子的状态，如树木是否有偏冠、枝条上是否有寄生物、叶子颜色是否正常等。

闻：通过闻植物的枝、叶、花的气味来辅助辨别。

问：了解植物的生长环境发生的气候变化、人为干扰等因素，结合实际给出判断。

切：利用专业的仪器检测树干内部结构和根系生长情况。

第二步，提出“防病”和“治病”措施。

改善立地环境，如将不透气的铺装材料改造成透气的铺装材料，为古木棉根系呼吸提供更好的生存条件。

进行有害生物防控，例如白蚁防治，设置用于白蚁防治的诱集箱，里面放有灭蚁药，埋入古树附近的土壤里诱杀白蚁。

定期巡查古树状态，“对症下药”。

定期体检，每年深入检查古树树干健康状况及根系分布情况。

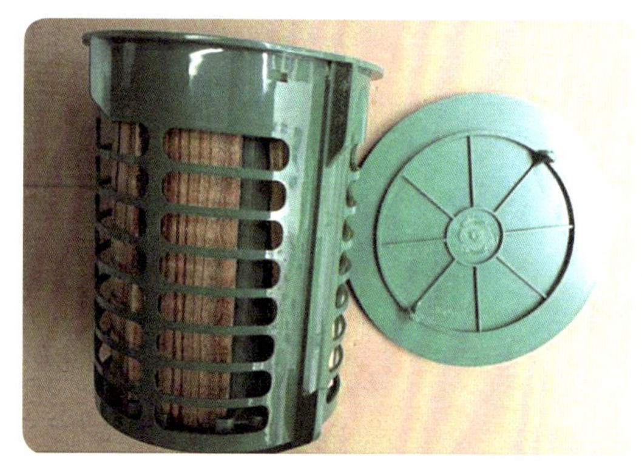

诱集箱

环节三：木棉医生——再见木棉王，望、闻、问、切

目 标

❶ 了解木棉的形态特征；学习木棉在生态系统中的价值；学习古树名木的健康安全性评估、抢救复壮知识；

❷ 增强对古树的爱护之情；培养爱绿护绿的意识并愿意向身边的人传达；

❸ 学会区分木棉与其他树木的不同；学会读取树木挂牌信息；初步学会判断树木生长情况及健康安全性评估的指标；

❹ 学会发现树木存在的安全隐患并求助相关人士。

时 长

50 分钟。

地 点

中山纪念堂古木棉生长区。

教 具

扩音器、任务卡、激光笔、TRU 树木雷达检测系统、PiCUS 弹性波树木断层画像诊断装置仪器。

流 程

❶ 引导参加者再次观察木棉的形态特征和生长情况，在任务卡上进行记录；

❷ 展示树木健康安全性评估的仪器，并进行演示。

引导及解说内容

刚才大家在课堂里已经学过如何观察木棉了，我们现在再次回到这里，请大家重新看看这棵木棉，判断一下它的生长是否存在问题，并在任务卡里记录下来。

除了通过肉眼观察，我们还可以通过精密的仪器来进行深度体检。

比如这台仪器，它叫作 PiCUS 弹性波树木断层画像诊断装置，可以监测树干的空心

位于中山纪念堂的古木棉树

树木测量

程度。它主要是利用了弹性波在不同介质的传播速率不同的原理，我们可以利用它监测树木内部是否有坏死或者腐烂的情况。具体的操作就是使用小锤，每次用同样的力度捶打探头，通过产生的弹性波传播的时间差异来进行判断。这个判断需要专门的软件来进行分析，计算树木内部的密度图像，进而了解树木的内部结构。

我们还有另外一台仪器叫作 TRU 树木雷达检测系统，它可以用来检测树干内部腐朽和地下根系分布情况。

它利用探地雷达技术对树木进行无损扫描，可生成高分辨率图像。这个系统有两种独立的检测方法，分别用于检测树干的内部状况及根系的实际分布情况。

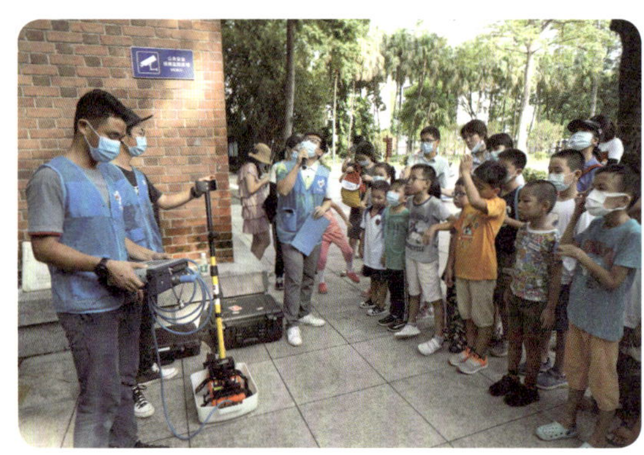

使用 TRU 树木雷达检测系统

环节四：木棉艺术家——手工创作

目　标	培养爱绿护绿的意识并愿意向身边的人传达。
时　长	30 分钟。
地　点	多媒体教室。
教　具	书签纸、冷裱膜、剪刀、镊子、牙签、铅笔、橡皮、花材、白乳胶等。
流　程	❶ 引导员利用多媒体电教设备传授书签的制作方法、步骤和要点； ❷ 参加者动手创作。

引导及解说内容

利用一些花材进行图案创作，然后装裱塑封起来，书签纸即可摇身一变成为美丽的书签了。今天就请大家利用手头的花材做成木棉花开的景象，再写上优美的诗词歌赋，做成一枚精致的木棉书签。

- **木棉书签制作步骤如下。**

❶ 检查制作木棉书签的各种材料与工具：红色绣球花干花、牙签、白乳胶、书签纸、冷裱膜、铅笔、签字笔；

❷ 发挥自己的创意，设计图案，用铅笔画设计稿，将花边撕开并摆成喜欢的造型，定稿；

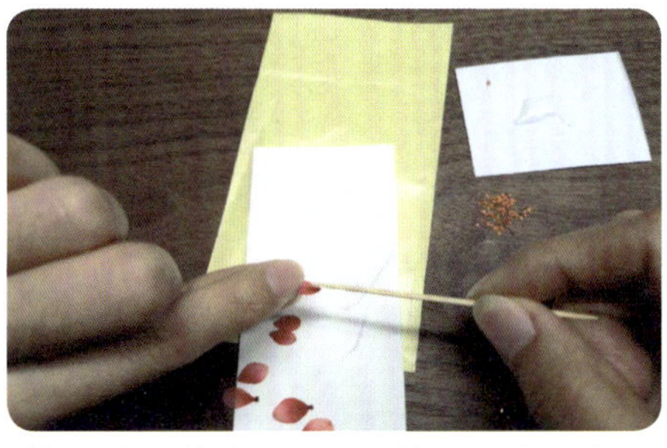

❸ 固定干花位置，用牙签蘸取少量白乳胶涂在干花背面，将干花贴在设计好的位置，进行固定；

❹ 精细加工作品，并写下一句励志或优美的诗句，落款姓名与日期作为纪念；

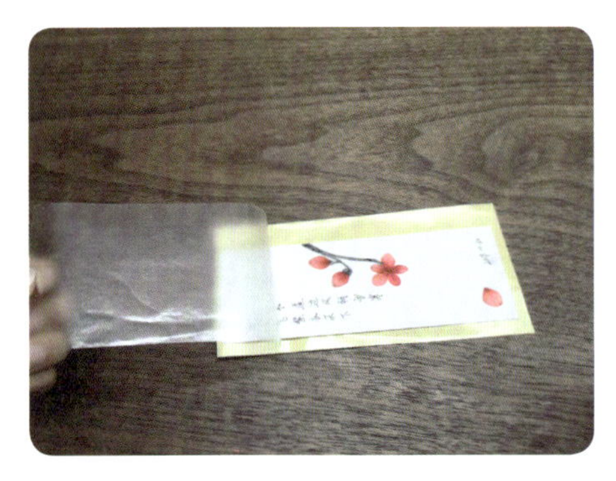

❺ 将冷裱膜撕开，平整地粘在书签上面；

❻ 收边完成，将多余的冷裱膜修剪下来，或收边粘贴到书签背面，完工。

环节五：木棉守护者——你我共同守护

目　标	培养爱绿护绿的意识并愿意向身边的人传达；能够在未来的生活中爱绿护绿。
时　长	10 分钟。
地　点	多媒体教室。
教　具	满意度调查表。
流　程	引导参加者分享活动印象最深刻的环节并填写调查表。
引导及解说内容	大家今天作为木棉观察家、科学家、医生、艺术家和保护者，分别和木棉有了更深地互动和了解。接下来也邀请大家来分享今天参加课程的感受，以及未来可能继续以怎样的形式保护自然。

5 教学实践

课程开展情况

自 2019 年 4 月开始在中山纪念堂、广州市林业和园林科学研究院及广州部分中小学开展课程，共开展 12 场次，累计服务 685 人次。

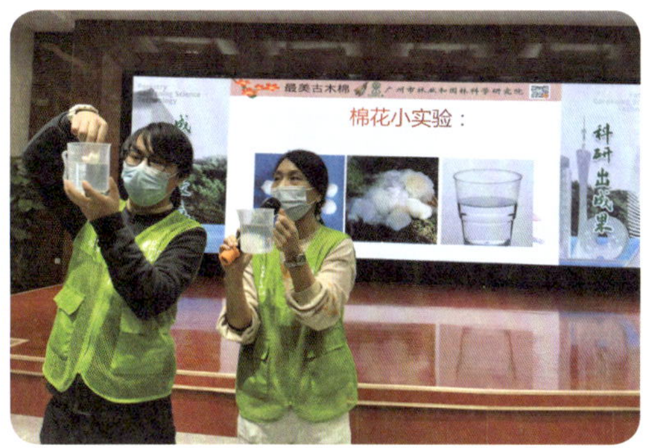

课程开展现场

引导员实践

吴毓仪

高级工程师
广州市林业和园林科学研究院科技推广与培训部部长

本课程结合中山纪念堂这个爱国主义教育场所，带领大家探访一株特别的木棉古树，是一门具备地域独特性和文化特质的主题课程。活动以木棉为对象，参加者化身为木棉观察家、木棉科学家、木棉医生及木棉艺术家等多种职业身份，观察、分析木棉的生长状况，动手开展科学实验、艺术手工创作，多维度培养他们的科学思维、艺术修养及环保意识。

在一开始的导入环节，大家通过五感来感受木棉花开、春天的到来及自然的气息。当孩子们雀跃着捡起树下掉落的木棉花朵互相分享时，好奇和喜悦充满了他们的眼睛。这一刻，作为引导员，深感一个更大的大门正向他们打开，探访只是第一步。

在后面的授课环节里面，可以感受到通过知识传递的逐步深入，大家了解得越多，就越有兴趣，也对木棉愈加喜爱。尤其在第二次走近木棉的时候，大家已经可以主动提出很多自己的见解，成了称职的木棉医生。

王伟

正高级工程师
广州市林业和园林科学研究院植物研究所所长

我们的课程通过不同方式，来引导参加者观察、记录、思考并进一步探究，知识讲座只是其中一个环节。前后两次的观察，相当于活动前测以及活动后测评估。在仪器展示环节，孩子们对于仪器充满好奇，争相着往前靠拢。这正是引导他们学习树木保护相关知识的好机会。另外，我觉得在讲座里设置的互动问答，能启发孩子们的探究精神和科学思维，不少孩子都给出了很不错的答案。

廖海娜

风景园林工程师

这是一次有趣而生动的户外课堂，让参加者既能够感受木棉春暖花开，又能通过初步观察树木生长势、枝条状况、病虫害以及外部腐烂受损情况等健康安全性评估，进一步学习古树养护措施等知识，加深参加者对古树的爱惜之情，增强他们与树木、大自然的联结，培养他们更加友好的树木保护、环境保护态度及意识，由意识再转化为行动，从而影响更多身边的人。

吴同学
志愿者

在活动中，我主要辅助引导员授课和拍照记录。我发现家长们大部分都是积极配合的，他们愿意参与活动并带自己的孩子去体验植物带来的乐趣。我还关注到了家长与孩子之间的互动。同时，我自己也学习到了更多植物及其养护相关的知识。

参加者实践

小辉同学
参加者

在活动中，我认识了木棉的形态特征，知道了小鸟为什么这么喜欢站在木棉花上。最有意思的是我第一次知道植物医生这个职业，还看到了他们是怎样守护我们的树木的。

张女士
家长

在活动中，我和小朋友一起跟着引导员认识了中山纪念堂的这株中国最美古木棉。这次活动让我更多地了解了自己孩子的兴趣和认知能力，也给了孩子一个亲近自然与展现自我的机会。

6 课程评估

评估形式

教学效果评估

一是在活动开始前，先通过参加者填写任务卡的情况了解他们对于木棉的认识。二是通过课堂的问答了解参加者对知识的掌握情况。三是通过参加者第二次填写任务卡的情况了解他们是否能将课堂上学到的知识运用到实践中。四是通过木棉书签的艺术创作，了解参加者是否已经掌握木棉花的形态以及木棉“先花后叶”的生长习性。

组织过程的满意度调查

在场地、时间、物料、环节安排、引导员授课情况等方面进行问卷调查。

广州市林业和园林科学研究院
活动参与满意度调查问卷

活动时间：

活动名称：探访最美古木棉

衷心感谢您参与本次活动，为了改进和优化我们的服务，提供更好的活动服务，希望您能认真、据实地填写问卷。再次感谢您的支持！

填写方法：在选项上打“√”。如果选择不满意，可在横线写上原因。

您的性别：□男 □女 您的年龄：__________

一、活动组织方面

Q1：您认为本次活动时间安排的长短怎样？

A 过长 B 正合适 C 过短 D 其他 __________

二、活动流程及引导员评价

Q1：您对本次活动的整体是否满意？

A 非常满意 B 满意 C 一般 D 不满意 __________

Q2：您对本次活动的知识讲堂环节是否满意？

A 非常满意 B 满意 C 一般 D 不满意 __________

Q3：您对本次活动的导赏环节是否满意？

A 非常满意 B 满意 C 一般 D 不满意 __________

Q4：本次活动令您印象最深的是哪一个环节或内容？

A 知识讲堂 B 导赏 C 体验（手工创作）D 其他 __________

评估结果

约 90% 的参加者能达到课程预期目标；参加者对组织过程的满意度达到 95% 以上。

7 延展阅读

知识点及定义说明

木棉（*Bombax ceiba* L.）

木棉科木棉属。

形态特征：落叶大乔木，高可达 25 米。树皮灰白色。幼树的树干通常有圆锥状的粗刺。分枝平展。掌状复叶。花单生于枝顶叶腋，通常红色，有时橙红色，直径约 10 厘米；萼杯状，长 2~3 厘米，花瓣肉质，倒卵状长圆形。花期 3~4 月，果夏季成熟。

产地分布：我国云南、四川、贵州、广西、江西、广东、福建、台湾等亚热带地区有分布。印度、斯里兰卡、中南半岛、马来西亚、印度尼西亚、菲律宾及澳大利亚北部都有分布。生于海拔 1400~1700 米的干热河谷及稀树草原，也可生长在沟谷季雨林内，也有栽培作行道树的。

功能用途：花可供蔬食，入药清热除湿，能治菌痢、肠炎、胃痛；根皮祛风湿、理跌打；树皮为滋补药，亦用于治痢疾和月经过多；果内绵毛可作枕、褥、救生圈等填充材料；种子油可作润滑油、制肥皂；木材轻软，可作蒸笼、箱板、火柴梗、造纸等用材；花大而美，树姿巍峨，可植为园庭观赏树、行道树。

推荐阅读书目及文献

- 《怎样观察一棵树》，[美] 南西 · 罗斯 · 胡格（Nancy Ross Hugo），[美] 罗伯特 · 卢埃林（Robert Llewellyn），商务印书馆，2016
- 《树的秘密生活》，[英] 科林 · 塔奇，商务印书馆，2015

8 课程机构

广州市林业和园林科学研究院（广州市林业和园林科技推广中心）

广州市林业和园林科学研究院（广州市林业和园林科技推广中心）隶属于广州市林业和园林局，是一家集林业园林研发、生产、技术推广应用、培训和科普教育为一体的综合性科研机构。

其长期致力于公益性林业园林应用技术研究和成果推广，常年举办各类自然教育活动，目前经有关部门批准成为“全国科普教育基地”“全国林草科普基地”“自然学校”“中国风景园林学会科普教育基地”“广东省自然教育基地”“广东省青少年科技教育基地”“广东省科普教育基地”“广东省环境教育基地”“广州市科学技术普及基地”以及“广州市专业技术人员育基地”。

9 引导员笔记

04 探秘红树林

山海之间，是湿地。而在广东，是红树林湿地。它们承载着大海的广大开阔，也汇集了陆地的郁郁葱葱。它们既是地球之肾，净化水质；也是海岸卫士，守护岸线；更是生命摇篮，孕育着丰富的生物多样性。

广东湛江红树林国家级自然保护区，作为全国最大的红树林湿地，拥有丰富的热带雨林的特征。置身其中，有高大而茂盛的树林，神秘而看不到尽头的小径，回荡在耳边的鸟语虫鸣和浪潮声，仿佛开启了一段探险旅途。

“探秘红树林”课程，通过在红树林湿地里的自然教育体验，带给孩子们独特而难忘的记忆，埋下一颗守护红树林的种子。

课程“探秘红树林”以在红树林湿地探险为主题，在保护区内，带领参加者认知红树林湿地里生物的生存挑战及生存智慧，认识保护区内的生物多样性，并通过观察、触摸、绘画、记录等形式了解红树林湿地，最后通过红树林角色扮演的方式认识红树林的生态价值，从而激发参加者保护红树林湿地的情感和态度。

1 教学背景

背景一：是保护区的红树林，也是大家的红树林

正如靠山吃山的人们，红树林边也生活着靠海吃海的人们。广东湛江红树林国家级自然保护区除高桥红树林区域外，都是开放的湿地，公众可以自由进出。这里曾经也是人们赖以生存的红树林，但在划归保护区后，按照保护区管理的条例和规定，这里对公众有了行为的限制。而这样的变化，需要通过教育的手段，让社区的公众了解和支持红树林保护工作。

背景二：古老的红树林，神秘的高桥小径

广东湛江红树林国家级自然保护区拥有全国最丰富的红树林湿地资源，走进红树林湿地，能让人体会到自然的壮观、凶险及美丽。高桥红树林自然保护区是全国红树林连片面积最大的一个区域，在其中有一条科普小径，孩子们走进高桥科普小径，体验热带雨林的特征，从小就能感受自然之美，认识红树林湿地的生物多样性。

2 教学信息

设计者	广东湛江红树林国家级自然保护区管理局 刘一鸣、郭欣、陈廷丰、何韬、庞丽婷
课程目标	觉知目标： • 感知到红树林湿地生态系统有丰富的生物多样性。 知识目标： • 通过观察、记录等方式认识保护区常见物种； • 了解红树林湿地生态系统的生态价值。 态度目标： • 认同红树林湿地需要保护并愿意去保护红树林湿地。
对象	小学至高中二年级学生。
场地	广东湛江红树林国家级自然保护区内高桥红树林科普小径。
时长	120 分钟。

3 教学框架

环节名称		环节概要	时长
环节一	开场及导入	介绍保护区概况，发放探险任务单。	10 分钟
环节二	红树林探秘	根据任务单的引导，沿高桥红树林科普小径进行探险，了解植物、动物以及人类如何应对红树林湿地充满挑战性的环境。	90 分钟
环节三	红树林创作	参加者通过不同的形式如角色扮演、自然创作、自然笔记等方式进行探险心得的展示，引导员在创作过程中引导参加者关注红树林的生态价值，并思考人与红树林的关系。	20 分钟

4 教学流程

环节一：开场及导入

目　标	热身。
时　长	10 分钟。
地　点	空旷的场地。
教　具	教具卡。
流　程	❶ 介绍保护区概况； ❷ 告知参加者活动流程及时间安排，开启红树林探险之旅； ❸ 让参加者对红树林有初步的认知； ❹ 再次强调观察过程中的注意事项，说明观察环节结束之后的集合时间和地点； ❺ 发放观察任务单。

引导及解说内容

● 介绍保护区概况

欢迎大家来到广东湛江红树林国家级自然保护区，我是今天带领大家的工作人员。

广东湛江红树林国家级自然保护区始建于 1990 年的省级保护区，1997 年经国务院批准升格为国家级自然保护区，保护总面积 20278.8 公顷，其中，有林面积 7228 公顷，约占全国红树林总面积 33%、广东省红树林总面积 79%。它是我国大陆沿海红树林面积最大、种类最多、分布最集中的自然保护区，主要功能是保护红树林湿地和鸟类。

广东湛江红树林国家级自然保护区 2002 年 1 月被列入《国际重要湿地名录》。2006 年成为我国首批示范自然保护区；2010 年加入“中国生物圈保护区网络”；2019 年被认定为广东省首批 20 家自然教育基地之一，肩负着我省自然教育基地示范建设的任务。

活动引导

❶ 活动内容

接下来我们将沿着高桥红树林科普小径走进红树林湿地进行红树林探险，大概会有 90 分钟的探险时间。在探险过程中，我们将使用“红树秘境探探探”任务单，根据任务单的内容进行探险和观察。

❷ 红树名字的由来

我们常说的“红树”其实不是单指一种植物，它是一类植物的统称。在很久以前，马来人在砍伐木榄时发现裸露的木材变红了，就连砍刀的刀口也被染红。于是，人们利用木榄来制作红色染料，并将它和周围的一些植物称为红树——变红的原因是由于它们的树皮内富含单宁，这种酸性物质遇到空气后被氧化，从而呈现出红色。我们常看到的削皮后变色的苹果、由青变红的柿子都是富含单宁酸；许多植物为了避免被动物啃食，体内都配备了单宁酸，作为自我保护的武器。

木榄的树皮

❸ 活动注意事项

在进入红树林湿地之前，我们要注意不能采摘植物或惊扰野生动物，落花落果也不能随意捡拾，更不能带出保护区。

环节二：红树林探秘

目　标　感知到红树林里湿地生物的多样性；通过观察、记录等方式认识保护区常见物种。

时　长　90 分钟。

地　点　高桥红树林科普小径。

教　具　任务单、笔。

流　程

❶ 引导参加者根据任务单的提示进行红树林湿地的探索，并完成观察和记录；

❷ 根据在科普小径遇到的红树林里的植物和动物进行科普讲解，讲解内容结合任务单，主要围绕红树林湿地的挑战，思考人类会如何应对此挑战并观察记录动植物的生存智慧。

引导及解说内容

●观察引导词

❶ 潮汐挑战

红树林湿地里的生物生活在海洋与陆地之间的潮间带。海水会涨潮、落潮。涨潮时潮间带会被海水淹没，退潮时又会露出水面。为了不被海水冲走，我们人类是如何应对的呢？动植物生活在这样的环境，它们是如何应对的呢？植物会长出结实的支柱根来让自己站得更稳，一些小动物会上树躲避潮水，还有的会躲在洞里。

红树林滩涂

❷ 缺氧挑战

由于潮水的间歇性淹没，生活在滩涂上的动植物经常会处于缺氧的状态，想象一下，我们在水里无法呼吸的时候，可以怎么办呢？你们将会发现这里的动植物非常聪明，它们也有自己独特的生存智慧来应对这个挑战：植物们会长出像呼吸管一样的呼吸根，动物们会打洞存储新鲜的空气。

秋茄的呼吸根

❸ 高盐挑战

生活在海边，还有一个很大的生存挑战就是高盐。如果我们吃了太多咸的东西会拼命喝水，但是红树林里的生物就生活在有盐的水里，它们会通过一些方式将盐排出体外，还有一些会拒绝吸收盐分或者将盐分聚集起来一起“丢掉”。

桐花树的泌盐现象

❹ 宝宝太小不适应环境怎么办?

太小的宝宝如种子不太能适应潮汐、缺氧和高盐的挑战。为了帮助红树宝宝生存下来，红树们也是各显神通，有的将果实送到很远的地方，有的会让果实在树上就完成发芽，长出长长的胚轴。胚轴成熟后依然会掉进海水里，掉进水里的胚轴只要接触到土壤，几个小时内就会快速生根发芽，长出新的小树苗。

木榄的胚轴

红树秘境探探探

走进红树林湿地，看到成片的红树林，你是否感受到了大自然的壮观？生活在其中的动植物们面临着很多的挑战，你能观察到它们是如何应对各种挑战的吗？

它面临的生存挑战	如果是你生活在这样的环境，你会如何应对？	植物如何应对？	动物如何应对？
潮汐挑战： 潮水来了怎么办？ 高盐挑战： 海水里太多盐怎么办？ 缺氧挑战： 被水淹无法呼吸怎么办？ 宝宝太小不适应环境怎么办？			

环节三：红树林创作

目　标	了解红树林湿地的重要性。
时　长	20 分钟。
地　点	空旷的场地。
教　具	任务单、笔。

流　程

根据参加者年龄的大小开展不同的红树林创作活动，让参加者在创作的过程中理解红树林湿地的生态价值。

1. 通过自然游戏的形式给参加者进行分组，每组 6 人左右，可采用“种子对对碰”“桃花开几朵”或者报数等形式完成分组；
2. 给每组布置任务，各组可利用现有工具进行创作，如低龄儿童可通过绘画、文字相结合的形式记录在红树林湿地里遇到的生物；高龄儿童和成人可根据观察的内容进行红树林扮演，展示红树林湿地里的生物及红树林的生态价值；
3. 每组互相分享红树林创作的成果。

引导及解说内容

● 场域资源的引导

今天的活动中，各组着重观察了部分红树林里的生物。其实，我们现在所在的这个地方——广东湛江红树林国家级自然保护区，它很特别，是中国红树林面积最大、分布最集中的自然保护区，由沿雷州半岛海岸线带状间断性分布的 68 个保护小区组成，为国际重要湿地。这里有真红树植物 16 种，半红树植物 13 种，在潮间带与红树林伴生或与红树植物邻近生境的其他滨海植物 51 种，具有重要的保护价值，还有很多生活在这里的动物们——鸟类 314 种，昆虫 130 种，大型底栖动物 588 种，鱼类 139 种等。

●红树林湿地生态价值的引导

今天的活动中，我们看到了红树林里的生物，这些在保护区里的生物和我们有什么关系呢？广东湛江红树林国家级自然保护区作为中国现存红树林面积最大的一个自然保护区，在控制海岸侵蚀、保持水土和保护生物多样性等方面发挥着越来越重要的作用。同时广东湛江红树林国家级自然保护区在抗御台风、减缓潮水流速、促淤造陆、保护堤岸、吸收转化污染物、净化海水等方面也发挥着极重要的生态作用。

●鼓励持续参与红树林湿地保护的引导

目前，国内绝大部分有红树林的区域都成立了自然保护区，通过法律来实施有效的保护，但是，红树林的保护不仅需要依赖法律政策，更需要我们每个人的参与。在场的各位参加者今天能来到这里了解这片湿地，也是参与红树林湿地保护的一种方式，希望大家能将今天的发现之旅分享给家人、朋友，让更多人关注红树林湿地，有保护红树林湿地的意识和行动。

课程开展现场

5 教学实践

课程开展情况

自 2019 年 1 月开始开展课程，共开展 68 场次，累计服务 5600 人次。

引导员实践

刘一鸣

广东湛江红树林国家级自然保护区管理局高级工程师

我们通过不太复杂的活动设计，让孩子们能更多地去探索、体验、感悟，帮助他们提升保护意识。希望通过“探秘红树林”的课程，能在孩子们的心中种下热爱自然、热爱红树林的种子。

课程开展现场

参加者实践

周同学

高桥镇第一初级中学

我们以校园课堂科普和实地考察学习相结合的方式，让广大师生更多地认识红树林，了解红树林给我们带来的各种好处。师生们在课程中充分参与，课堂互动性很强，参加者积极性高，学习到许多课本外的自然知识，收获很多。我校将会继续开展与此课程相关的活动，促进我校环境教育更好发展。

许同学

湛江市第五中学

本课程让我校师生深入认识红树林湿地知识，了解湛江红树林湿地保护现状，掌握红树林野外探究活动的组织方法。得益于这些自然教育课程的具体指导，我校一直坚持开展“爱我家乡的红树林”系列野外探究活动，红树林湿地探究成为我校最具特色的校本课程。

教师

湛江市第二十中学

本课程利用乡土资源给参加者带来了别开生面的自然教育课程。这些课程引导参加者走出教室，走进自然，走向社会，不仅令参加者很好地理解生物适应环境、影响环境的生命观念，也了解了红树林生物多样性，培养了参加者的科学思维，增强了参加者爱家乡、爱自然的社会责任感，很好地向参加者渗透生物学核心素养。

教师

湛江市第二十中学

本自然教育课程的开展让我们学校的特色校园文化“红树林保育”走上了一个新台阶。师生们也因为有了本课程的指导，有了对红树林的探究方向，了解到的内容更清晰和丰富了。参加者也更乐于动脑去思考问题，动手去查找资料，进行创新学习，并从小培养了爱护红树林、热爱我们家乡、热爱祖国的思想感情。

张老师

岭南师范学院生命科学与技术学院

本自然教育课程的开展让我校红树林保护与科普活动进一步科学化和规范化，丰富了我校志愿者活动的内容，加强了我校与地方环境保护进一步融合。在该课程的指导下，参加者对红树林保护和科研的兴趣大大提高，部分同学申报了红树林相关研究的创新项目；部分老师在参与该课程教学的过程中找到了红树林相关科研亮点，申报了红树林相关科学项目，发表了红树林相关科研文章。

6 课程评估

根据参加者及跟队引导员的反馈，进行课程成效的评估。

对于觉知目标

❶ 感知到红树林湿地里生物的多样性。

参加者只要走进了红树林湿地，亲身去体验、去感受，就能感知到红树林湿地里生物的多样性，通过参加者亲口表达了解了红树林生物多样性，进一步验证了觉知目标的达成。

对于知识目标

❶ 通过观察、记录等方式认识保护区常见物种。

❷ 了解红树林湿地的生态价值。

湛江市第二十中学的老师说："这些课程不仅令参加者很好地理解了生物适应环境、影响环境的生命观念，也了解了红树林生物多样性。"

高桥镇第一初级中学的老师说："让广大师生更多地认识红树林，了解红树林给我们带来的各种好处。"

从以上可以看出，参加者了解了红树林生物的多样性以及红树林湿地的生态价值。

对于态度目标

❶ 认同红树林湿地需要保护并愿意去保护红树林湿地。

湛江市第二十中学的老师说："增强了参加者爱家乡爱自然的社会责任感。"

湛江第一中学金沙湾学校的老师说："从小培养了参加者爱护红树林，热爱我们家乡，热爱祖国的思想感情。"

从以上可以看出参加者在参与活动后，认同红树林湿地需要保护并愿意去保护红树林湿地。

岭南师范学院生命科学与技术学院的张老师说："在该课程的指导下，参加者对红树林保护和科研的兴趣大大提高，部分同学申报了红树林相关研究的创新项目。"

从以上可以看出，参加者不仅有了保护红树林的态度，部分参加者甚至付出行动，开始开展红树林相关研究。

7 延展阅读

知识点及定义说明

高桥红树林自然保护区

高桥红树林自然保护区位于雷州半岛西海岸英罗湾区域。是广东湛江红树林国家级自然保护区的一部分。红树林生境属于海湾、河口类型，有河流影响，洗米河、高桥河等入海，潮汐类型为不规则全日潮。高桥红树林自然保护区面积 1036.6 公顷，红树林面积 705 公顷，其中，林木覆盖面积 522.3 公顷。红树植物包括白骨壤、桐花树 、木榄、红海榄、秋茄、海漆、无瓣海桑等，这里是雷州半岛木榄分布最为集中的区域。这里主要群落类型包括白骨壤群丛、桐花树群丛、白骨壤 + 桐花树群丛、木榄群丛、红海榄群丛、木榄 + 红海榄群丛、白骨壤 + 红海榄群丛、木榄 + 红海榄 + 白骨壤群丛、木榄 + 桐花树群丛等，是雷州半岛红树植物群落类型最丰富的区域。近年来，红树林向光滩扩展，林内覆盖度增加，有互花米草入侵。这里的沉积物类型为淤泥质到泥沙质。陆地一侧岸线为海堤、养殖塘类型的人工岸线，近海一侧岸线为松软的淤泥质滩涂。

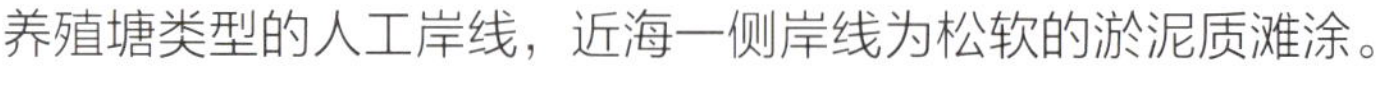

红树植物

红树林是生长在热带、亚热带海岸潮间带，由红树植物为主体的常绿乔木或灌木组成的湿地木本植物群落，在净化海水、防风消浪、固碳储碳、维护生物多样性等方面发挥着重要作用，有“海岸卫士”“海洋绿肺”美誉，也是珍稀濒危水禽的重要栖息地，鱼、虾、蟹、贝类的生长繁殖场所。

8 课程机构

广东湛江红树林国家级自然保护区

广东湛江红树林国家级自然保护区（以下简称保护区）地处中国大陆最南端的雷州半岛，呈带状分布于雷州半岛主要的港湾、河口滩涂上，总面积 20278.8 公顷，其中，红树林面积 7228 公顷，是我国红树林面积最大的自然保护区。同时，保护区还处于东亚—澳大利西亚水鸟迁飞区内，是全球水鸟的重要栖息地之一，是勺嘴鹬在中国最大的越冬地。保护区还记录到中华凤头燕鸥、东方白鹳、黑脸琵鹭、遗鸥、黑嘴鸥、黄嘴白鹭等全球珍稀水禽，此外，还有各种鱼类、贝类、浮游生物、昆虫等，物种多样性非常丰富。2002 年保护区被列入《国际重要湿地名录》，是我国生物多样性保护的关键性地区和国际湿地生态系统就地保护的重要基地。

党的十八大以来，在习近平生态文明思想指引下，在省林业局领导下，保护区管理局大力开展环境教育工作，取得良好效果：建立了红树林宣教中心、野外宣教点、网站和公众号，同时邀请专家及红树林环境教育试点学校教师一起编写环境教材，指导学校环境教育工作，坚持每年联合相关单位一起举办关键日（世界湿地日、世界环境日、世界生物多样性日等）活动，对公众开展红树林环境教育。向公众宣传保护湿地生物多样性的重要意义，提高公众保护意识；每年接待公众 5 万人次，组织科普进校园、自然教育、环境教育等活动，参加师生超过 2 万人次；先后与湛江市教育局、原湛江市环境保护局联合建立 12 所红树林环境教育试点学校，与国际湿地中国办事处、湛江市教育局、湛江林业局联合建立 5 所湿地实验学校，并将红树林环境教育纳入学校校本课程，提高青少年保护红树林的热情，促进当地教育事业不断发展；与高校及非政府组织联合开展湿地科普；与大专院校、非政府组织开展合作开展线上、线下宣传活动，开展形式多样的红树林科普活动，让红树林和候鸟保护知识走进社区、村庄、校园。

2021 年 12 月以来，随着湛江市委、市政府吹响打造“红树林之城”的号角，保护区的环境教育工作更是得到湛江市各级政府及相关部门的大力支持，保护区管理局与湛江市委宣传部、湛江市教育局等单位联合开展了一系列红树林科普进校园、进机关、进乡村、进书店等活动，向全市中小学生和公众发出保护红树林倡议书，扩大环境教育的社会影响力，不断提高公众的环境保护意识，不断谱写人与自然和谐的新篇章。

9 引导员笔记

凤凰山里的四脚精灵

说到潮州，大家都会想到工夫茶，想到独特的文化和众多美食。这座城，北部有凤凰山，临韩江而建，是广东的文化地标之一。但大家可能不知道，潮州也有其野性的一面。

在这里，古有中国第一种被正式命名的蜻蜓——华艳色蟌；今有2022年新发现的以潮州命名的潮州莸。如果和当地的老人们聊一聊，还会发现，他们小时候在凤凰山里，或在路边，还遇见过一种全身是甲片，走路晃悠悠，一紧张就把自己变成一团球的动物中华穿山甲。而现在，凤凰山上，还有着这种古老而神秘的动物。

广东潮安凤凰山省级自然保护区管理处通过课程“凤凰山里的四脚精灵”讲述中华穿山甲的故事，让生活在这片土地的孩子们为自己的家园而感到自豪。

课程“凤凰山里的四脚精灵”，是广东潮安凤凰山省级自然保护区管理处走进幼儿园、小学、少年宫开展的一节室内课程。

本课程通过认识中华穿山甲的身体结构、行为特征，并设计手工制作环节，让参加者了解穿山甲对于森林的守护作用，树立保护穿山甲的价值观。

1 教学背景

背景一：有趣的凤凰山

广东潮安凤凰山省级自然保护区的保护对象是典型的华南森林生态系统。这里植物、昆虫、鸟类、兽类都很丰富，其中也不乏濒危珍稀的物种。然而，我们认为与其把这些都一一讲给公众听，不如找到公众更想知道的——有了兴趣，才有更深入了解的主动性。

我们第一批设计的课程，包含“神奇的中华穿山甲”“凤凰山里的四脚精灵”“奇妙的昆虫世界”“保护珍稀植物家园”“杨梅熟了”“李子来了”“大力士独角仙”“飞蛾与蝴蝶”“认识凤凰单丛与儿童工夫茶冲泡技艺”等内容，都是很贴近生活或者很容易引起孩子兴趣的课程。

课程设计的主题从身边常见的自然物，到生活中熟悉的食物，最后到自然保护，共三个层次。

昆虫、蝴蝶、锹甲和珍稀植物都是在生活中可以观察到的自然物，最能启发孩子们去观察。

杨梅、李子和凤凰单丛（茶树）是孩子们很熟悉的食物，工夫茶更是文化符号之一。这些都是与山为邻的人们生活中重要的组成部分，取之于山，源自自然，爱及土地。

中华穿山甲是生活在凤凰山里的古老“居民”，这里是中华穿山甲重要的原生栖息地，它们守护着山，人们守护着它们。保护穿山甲有着重要的意义。

背景二：低龄的儿童更好奇

本课程对象以幼儿园大班幼儿至小学三年级以下学生为主。该阶段的孩子，好奇心和求知欲都非常高，有着好动的天性。

孩子们对于动物的认知，大多来自动物园，不知道在本地有哪些具体的动物。中华穿山甲恰恰可以成为一个建立家乡自豪感的最好的工具，在孩子们心里埋下保护的种子。

2 教学信息

设 计 者	广东潮安凤凰山省级自然保护区管理处　黄伟潮、叶培昭、黄维、韦奕英、夏立漫、叶周杰、苏叶平
课程目标	觉知目标： • 意识到在潮州本地的森林里，生活着中华穿山甲。 知识目标： • 了解中华穿山甲的基本形态； • 了解中华穿山甲的捕食、自我保护和育雏的特征。 态度目标： • 对中华穿山甲的鳞片持有保护的态度，认为中华穿山甲不可以没有鳞片； • 对于中华穿山甲有保护的态度，认为中华穿山甲对于森林很重要。 行动目标： • 给家人介绍居住在潮州而且极度濒危的国家一级保护野生动物中华穿山甲。
对　　象	幼儿园大班幼儿至小学三年级以下学生。
场　　地	室内教室。
时　　长	40 分钟。

3 教学框架

环节名称		环节概要	时长
环节一	演演、玩玩	通过模拟表演，和穿山甲建立最初联结。	5 分钟
环节二	看看、讲讲	通过演示文稿的图片和视频，展示并讲解中华穿山甲的特征。	12 分钟
环节三	画画、比比	通过手工环节，动手拼一只穿山甲，了解穿山甲的鳞片保护功能。	15 分钟
环节四	听听、想想	通过听一个穿山甲妈妈养育孩子的故事，了解穿山甲育雏，分享感受。	5 分钟
环节五	小结	总结活动内容。	3 分钟

4 教学流程

环节一：演演、玩玩

目　标　了解中华穿山甲的挖洞、捕食和自我保护的特征。

时　长　5 分钟。

地　点　开阔的场地或者室内。

教　具　细长纸条卷（30 厘米长、3 厘米宽）、双面胶。

流　程　引导员进行互动和表演，让参加者模仿穿山甲，每一个动作都可以定格检查一下，让大家有仪式感，激发他们的学习热情。

引导及解说内容

小朋友们，大家好，我是今天来给大家分享的引导员。

小朋友们都见过什么动物呀？小朋友们都是在哪里见到这些动物的呢?

现在请所有的小朋友起立。接下来，我请大家跟我一起模仿一种动物，看看有没有小朋友知道这种动物是什么?

首先，我们来模仿它们挖洞（引导员表演用两只手向前刨土的动作），小朋友们学得很像，现在它有住的地方啦!

接下来，我们来模仿它们吃东西（引导员将细长纸条卷贴在鼻子上，并且用力吹直；助教给每一个孩子贴上“舌头”）。这是这种动物的舌头，完全伸长，跟它的身高差不多。现在它有吃的啦!

最后，我们来模仿它们遇到危险的时候（引导员蹲下来，把自己抱成一团，只露出眼睛）。小朋友们注意咯，除了眼睛偷偷露出来观察危险外，身体的其他部分都要抱得紧紧的哦!

那么，大家知道这是什么动物吗?

——是中华穿山甲。

环节二：看看、讲讲

目标	❶了解穿山甲的基本形态；意识到在潮州本地的森林里，生活着中华穿山甲； ❷了解中华穿山甲的捕食、自我保护和育雏的特征。
时长	12 分钟。
地点	室内。
教具	图片、视频、卷尺（1 米）。
流程	通过中华穿山甲的模型，观察和认识穿山甲，学习穿山甲有关的知识。

引导及解说内容

● 大家见过这种动物吗?

它们生活在很深很古老的山里——我们潮州的凤凰山。大家去过凤凰山吗?

今天引导员带来了中华穿山甲的模型，大家一起来看看吧！（通过传递模型观察）大家觉得穿山甲长得像什么呀?

——刺猬? 但是刺猬身上都是刺，会扎人的。

● 那穿山甲还有什么特征呢?

我们一起来看一下图片和视频吧！

穿山甲有多大?

它有 40~90 厘米长，约 7 千克重。大家现在可以打开卷尺量一量看有多长。

穿山甲和它的长舌头

● 穿山甲喜欢吃什么?

它有尖尖的嘴巴和长长的舌头，可以伸进洞里，吃它们最喜欢的白蚁，但是它们没有牙齿哦，也不用咀嚼。

白蚁喜欢吃树木，而穿山甲喜欢吃白蚁。它们一年吃掉七千万只白蚁，能让 250 亩森林免遭侵害。因此，穿山甲是守护森林的卫士！

● 穿山甲住在哪里呢?

穿山甲住在洞里。深厚的土层对穿山甲来说根本不值一提，它会用前爪迅速挖土，而强健的后爪把土推向身后，非常厉害，这也是它名字的由来。

它的洞，不仅是自己住，其他穴居动物也会住哦！例如，果子狸、黄腹鼬、斑林狸、食蟹獴、鼬獾等。由此看来，穿山甲也是森林里的小小建筑师。

果子狸

鼬獾

● 它们遇到危险会怎么保护自己呢?

它们会把自己蜷缩起来，变成一个坚硬的“球”，让硬硬的鳞片在外面保护着自己。穿山甲身上有像鱼鳞一样的鳞片，和我们人的手指甲是一样的成分，不会扎人。如果给穿山甲拔除身上的鳞片，就像人把指甲拔下来一样，穿山甲会很疼很疼。

穿山甲的英文（pangolin）就是来自马来语“蜷缩”的意思。

● 最后，大家知道穿山甲是怎么养育小穿山甲的吗?

首先，穿山甲和我们人类一样，小时候是喝妈妈的奶长大的。那妈妈出门觅食的时候，穿山甲宝宝会在家里等妈妈吗?

现在我们一起来看看视频，找一找宝宝在哪里。原来穿山甲宝宝是趴在妈妈的尾巴上外出觅食的。像不像小时候爸爸妈妈背着我们出门一样?

趴在妈妈尾巴上的穿山甲宝宝

环节三：画画、比比

目　标	对中华穿山甲的鳞片持有保护的态度，认为中华穿山甲不可以没有鳞片。
时　长	15 分钟。
地　点	室内。
教　具	空白贴画纸、松果片、白乳胶、铅笔或彩笔、背景音乐。
流　程	通过直接体验动手的手工，体验鳞片的“坚硬”，记住穿山甲必须有鳞片的保护。给大家铅笔或彩笔打草稿，并播放轻柔的背景音乐。

引导及解说内容

我们都知道穿山甲有坚硬的鳞片保护自己。现在，引导员手里有一些没有鳞片的“穿山甲”，它们非常容易受伤，身体表面是很软很软的皮肤，需要请小朋友们帮助这些穿山甲把鳞片“穿上去”。最后，请小朋友给自己的穿山甲取一个名字。

大家要注意：

❶ 需要朝着一个方向贴哦，这样才顺；

❷ 大家要注意安全，不要把胶水弄到眼睛里面！

（引导员可以示范粘贴。）

空白贴画纸

大家都做好了吗？接下来，请大家来分享一下自己的这一只穿山甲。它叫什么名字？有什么特征？

环节四：听听、想想

目　标	对于中华穿山甲有保护的态度，认为中华穿山甲对于森林很重要。
时　长	5 分钟。
地　点	室内。
教　具	视频。

流　程

通过观看保护区里穿山甲的视频故事，理解我们需要保护穿山甲和这片森林。

视频内容如下：

2020 年 6 月 14 日，一只中华穿山甲在潮州栖息地受伤并被发现，它被送到广东省野生动物救护中心治疗，同年 7 月这只中华穿山甲被放归发现它的地方。

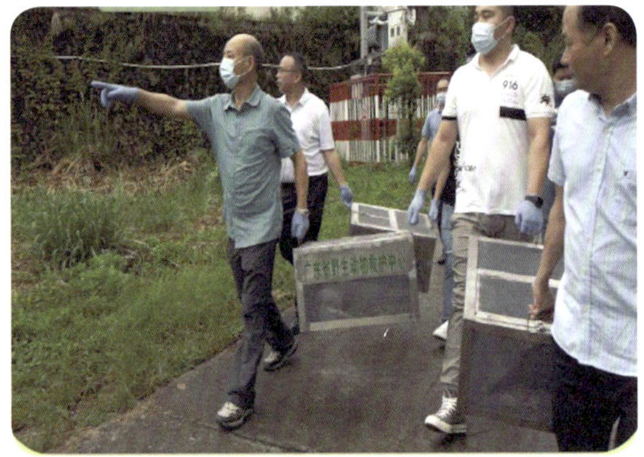

穿山甲放归现场

引导及解说内容

谢谢大家分享了自己的穿山甲，引导员也想分享我们保护区里一只穿山甲的故事给大家。让我们一起来看看视频。

保护这片森林，帮助里面的动物和植物，都是保护区管理处的工作。而这片森林，这座山，也会守护着我们潮汕这一片土地。

●想一想：如果晚上看到穿山甲在过马路，你可以做什么呢?

❶ 可以悄悄地、远远地、偷偷地看，不打扰它们；

❷ 如果发现穿山甲可能受伤或者生病了，可以打电话告知保护区管理处；

❸ 为了动物和自己的安全，千万不要在没有专业人员在的情况下，触摸野生动物哦！

环节五：小结

目　标	向家人传递，有中华穿山甲生活在潮州，且需要保护。
时　长	3 分钟。
地　点	室内。
教　具	图片展示。
流　程	总结和回顾，强调课程整体教育目标的内容，让参加者回家后与家人分享。

引导及解说内容

今天的课程就到这里，小朋友们觉得中华穿山甲有趣吗?

它有趣的地方有：

❶ 它的舌头特别长，喜欢吃白蚁，守护森林树木；

❷ 它的爪子特别厉害，喜欢挖洞，可以自己住，也会给森林其他动物提供洞穴；

❸ 它的身体特别柔软，但是鳞片特别坚硬，它的鳞片可以保护自己，它不能没有鳞片；

❹ 它喜欢把宝宝背在身上出门，是会照顾宝宝的好父母。

小朋友愿不愿意把你画的中华穿山甲和它特别厉害的技能分享给今天没有来的好朋友或者家里人呢？让我们一起来保护这种神奇的动物吧！

5 教学实践

课程开展情况

“凤凰山里的四脚精灵”课程，在潮州地区前后开展 18 次课程，其中有 5 次是面向幼儿园学生，13 次是面向小学生，总计约 930 人次。

由保护区的工作人员及志愿者前往幼儿园、学校和少年宫授课。

课程开展现场

引导员实践

黄伟潮

广东潮安凤凰山省级自然保护区管理处宣教科科长

在潮湿的山麓里，一个个布满鳞片的身影穿梭在杂灌丛之间。遇到危险时，它会将自己蜷缩起来，变成一个岿然不动、坚硬的球，以抵御敌人的侵袭……这些生动的画面很容易就吸引孩子们的注意力，引发好奇心，有利于课程的进行，为接下来的课程开个好头。作为地球上仅存的鳞甲目地栖性哺乳动物，穿山甲是“森林卫士”，同时它也需要孩子们的保护。通过观看视频和手工活动，让孩子们更深入地了解穿山甲，激发孩子们的保护欲。

夏立漫

志愿者

小朋友本身就对小动物特别感兴趣，当引导员播放视频时，小朋友都被这个美丽的生灵惊艳到，“哇哇”地发出声音，加上引导员生动的表达，小朋友们收获满满，课堂氛围超级好。我们发现，有的幼儿园小朋友会用自己的弟弟妹妹的名字作为自己画的那只穿山甲的名字。在潜意识里，他们在和这只穿山甲建立很亲密的连接。

参加者实践

刘老师

幼儿园正高级教师

自然是幼儿生命的摇篮，能够赋予幼儿无限的生机与活力。幼儿投身于自然中并从中吸取经验，在体验自然事物的过程中激发自己的亲身感受，在亲眼看到太阳起落的过程中感悟世界的变化。在实际教学过程中，引导员要能够充分认识到大自然是幼儿获得知识的源泉所在，通过将自然界绚丽多姿的景色以千变万化的形式展现在幼儿面前，激发幼儿的好奇心和探索欲，让幼儿在探索和感悟知识的过程中获得知识经验，培养他们的探索和思考欲望。

凤凰山省级自然保护区系列儿童教学课程，很好地结合了当地自然资源的特色，给孩子走出教室、走向自然提供了良好的契机引导。当然，在课程落地的过程中，我们看到还有很多方面可以提升和深入，我们将在以后的落地过程中配合教研工作进一步优化。

邱园长
幼儿园园长

自然教育是什么样的？一位专修心理学的妈妈在一篇名为《我为什么要做自然教育》的文章中这样写道：从孩子的心灵成长角度讲，我们现在提供的以认知为主的教育是碎片式的，不利于孩子发展成为一个“整全的人”。大自然的元素非常丰富，是任何图像、视频、音频无法模拟的。孩子浸泡在大自然中，五感被充分调动，给孩子创造了丰富的内心体验。即使将来面对高度竞争的压力，与自然相处的早期经验可以成为孩子内心深处一个坚实的基础，可以抗衡未来的风雨。

与此同时，作为父母也需要重新成长。当成为宝宝的照顾者，付出关爱的同时，我们自己也需要被滋养。就让大自然来润泽我们疲惫的心灵，使我们放松一下紧绷的神经，在和其他爸爸妈妈的交流中获得能量。大自然让我们也成为孩子，帮助我们更好地认识我们自己和孩子。大自然的教育是无声的，当我们不说话，安静下来的时候，这种教育就开始了。凤凰山省级自然保护区是潮州地区难得的自然资源集中地。让孩子走出教室，在亲近大自然的过程中潜移默化地接受教育，快乐成长，非常不容易！

黄先生
家长

通过课程，我和小朋友知道了穿山甲的许多知识。穿山甲在保护森林、堤坝，维护生态平衡等方面都有很大的作用，也是我们人类的朋友。我们潮州凤凰山还有这么多的穿山甲，说明我们保护得很好。

孩子非常喜欢自己创作的这幅画，带回家和家人分享。创作的过程对于幼儿园的孩子有一点点难，但是能够让他们认识我们潮州本地的生物，我很开心。

“松果”穿山甲拼贴画

6 课程评估

评估内容包括：知识与技能、过程与方式和情感态度与价值观三个模块。

评估形式

通过参加者能力发展测评表进行评估，课后由引导员自评。

在《引导员手册》中有自评表，可对应其形成性目标，进行自我评价。

问题一（学习达成评价）——《参加者手册》的完成情况（完成率）及手册的完成质量（认真书写、正确率）。

问题二（学习内容与形式）——是否参与小组研究项目？是否参与小组活动分享？是否形成学习记录？

问题三（学习效果表达）——分享及报告是否新颖、有创意？有无自己见解？同学及引导员对于自己的见解的反馈情况如何？

有“不好”“一般”“很好”三个选择。

评估结果

通过回收引导员对于授课的自评发现，其中对于“学习内容与形式”的评价最高，“学习达成评价”的其次，“学习效果表达”的最低。

7 延展阅读

知识点及定义说明

保护级别

中华穿山甲是国家一级保护野生动物。

主要栖息与分布地

中华穿山甲主要于栖息于丘陵、山麓、平原的树林潮湿地带；喜炎热，能爬树；能在泥土中挖深 2~4 米、直径 20~30 厘米的洞，末端的巢径约 2 米；以长舌舐食白蚁、蚁、蜜蜂或其他昆虫。分布于中国、不丹、印度、老挝、缅甸、尼泊尔、泰国和越南。

身体特征

中华穿山甲体长 42~92 厘米，体重 2~7 千克；舌头长约 30 厘米；全身鳞甲如瓦状；有很强的爪子，善于刨洞；鳞片与体轴平行，腹部有柔软的毛。

生活习性

❶ 中华穿山甲是喜欢以白蚁、蚁、蜜蜂或其他昆虫为食的哺乳动物；

❷ 中华穿山甲是夜行性动物；

❸ 中华穿山甲嗅觉灵敏，依靠嗅觉寻找食物，然后用长而黏的舌头将昆虫黏住，吸进肚子里。

凤凰山省级自然保护区与中华穿山甲

在凤凰山省级自然保护区内，2022 年继续开展红外相机监测以及 10 条样线调查，发现穿山甲洞穴 312 个以及粪便、脚印，评估保护区内生活着健康的中华穿山甲种群。

2020 年 7 月，广东省野生动物救护中心在凤凰山保护区举行放归活动，其中包括一只中华穿山甲。这只中华穿山甲 6 月 14 日在潮州栖息地受伤并被发现，经过潮州、广州两地多方的接力治疗，中华穿山甲成功康复并回归自然。这也是穿山甲提升为国家一级保护野生动物后，广东省首次实施穿山甲放归自然活动。

推荐阅读书目及文献

- 《穿山甲宝宝成长记》，MUMU 工作室，中国林业出版社，2022

8 课程机构

广东潮安凤凰山省级自然保护区

广东潮安凤凰山省级自然保护区（以下简称保护区）位于广东省东部，潮州市潮安区西北部，总面积 2844 公顷，是潮汕地区唯一的“森林和野生动植物资源湿地型”的综合性省级自然保护区。

保护区生物多样性丰富。植物资源方面，有野生维管植物 1704 种，分属于 193 科 844 属，其中，国家重点保护野生植物 15 科 16 属 25 种，包括国家一级保护野生植物紫纹兜兰、南方红豆杉 2 种，国家二级保护野生植物桫椤、金毛狗等 23 种。动物资源方面，据调查统计，有野生陆生脊椎动物 241 种，分属于 25 目 82 科，其中，国家重点保护野生动物 22 科 30 属 37 种，包括国家一级保护野生动物小灵猫、中华穿山甲、海南鳽 3 种，国家二级保护野生动物中华鬣羚、豹猫等 34 种。

保护区在自然教育工作中致力于自然研学的研究，从自然观察、自然手工、自然拓展三方面着眼，设计了一系列项目和课程，充分调动孩子的视、听、触、味、嗅等连接自然的感观通道，让孩子深度拥抱大自然、健康快乐成长！

9 引导员笔记

鸟儿与深圳湾的约定

在深圳与香港共享的深圳湾，一到冬季，就变得热闹纷繁。整个候鸟季有 5 万 ~ 10 万只候鸟来到深圳湾。它们有的是来度过一个温暖的冬天的；有的是来补充能量的，吃吃喝喝一番就继续往南飞；还有的边停留边“思考鸟生”，我是继续南飞呢，还是今年冬天就在这儿“躺平”呢？

于是，鸟儿热热闹闹，人也熙熙攘攘地来了。人们冬季在深圳湾观鸟，与鸟儿共享着冬日里温暖的阳光，同时也是学习如何与鸟儿和平相处。

红树林基金会（MCF）设计的“鸟儿与深圳湾的约定”课程，在沿深圳湾的多个场域开展，让来到深圳湾公园和福田红树林生态公园的游客们能在游玩时有额外的收获，带着对候鸟的喜爱之情回到家，这为候鸟与人类和谐相处打下基础。

深圳湾的明星鸟黑脸琵鹭皮皮说："候鸟季来了，快来跟着红树林基金会(MCF)一起认识我的朋友们吧。"每年10月到次年4月的周四和周六，我们都会在福田红树林生态公园的飞蓝堤和深圳湾公园的亲水平台等着大家，一起通过望远镜来认识鸟类。

鸟儿为什么来深圳湾？来了后它们是如何"吃喝拉撒"的呢？作为人类，我们又可以怎样和它们和谐共处呢？"鸟儿与深圳湾的约定"课程因此而产生，为观鸟零基础的公众提供直接的观鸟体验，让公众认识鸟是什么，激发他们观鸟的兴趣，后续持续关注候鸟的迁徙并加入保护候鸟及其栖息地的行动中来。

1 教学背景

背景一：社会化参与的自然教育和保育模式

红树林基金会（MCF）在深圳的自然教育工作在环绕着深圳湾的三个场域——深圳湾公园、福田红树林自然保护区和福田红树林生态公园开展。

虽然在行政管理上，这里分别有不同的政府管理部门，但是对于野生动植物来说，这里是连在一起的海岸线。动物和植物们，并不理会是谁管理的这一片湿地。它们会在环境好的红树林和滩涂里生活，也会到处走走逛逛，很可能与人们的生活产生各种交集。因此，让更多的公众了解并参与保护和教育，是非常重要的。

背景二：在热闹的深圳湾观鸟季，热热闹闹地观鸟

观鸟在深圳是非常受欢迎的活动，但因为望远镜设备和引导员有限，以及需要轻声细语而将对鸟类的干扰降到最低，所以观鸟活动只能招募少量的参加者，通常在30人以内。

如何让更多的参加者快速地了解鸟类，对候鸟有基础的了解呢？红树林基金会（MCF）总结出在观鸟活动中公众最关注、管理者和保护者最希望公众了解的内容，设计出了"鸟儿与深圳湾的约定"定点观鸟课程，让来到深圳湾公园和生态公园的游客们能

在游玩时有额外的收获，带着对候鸟的喜爱之情回到家，这为候鸟与人类和谐相处打下基础。

每年的 10 月到次年 4 月，深圳湾最具明星气质的黑脸琵鹭就会和它的候鸟朋友们一起来到深圳湾，“海上森林”红树林也因此迎来了一番热闹景象。因此，在定点观鸟的课程中，用半天时间可以让尽可能多的人体验到观鸟这项经典又简单的自然教育活动的魅力。

2 教学信息

设计者	红树林基金会（MCF） 鄢默澍、苏春丹、邱文晖、刘丽华、邓丹丹、安小怡
课程目标	觉知目标： • 觉知到有很多种类的鸟在深圳湾和红树林湿地，觉知到红树林基金会（MCF）和公园管理方在做鸟类保护工作。 知识目标： • 了解鸟类的特征，并认识到深圳湾的大部分野生鸟类是会迁徙的，保护深圳湾就是保护东亚—澳大利西亚迁飞区的鸟； • 认识到保护鸟类和红树林生态系统是重要的； • 学会使用望远镜和图鉴观鸟。 态度目标： • 认为保护鸟类和红树林生态系统是重要的； • 支持基金会及利益相关方的工作。 行动目标： • 了解并践行鸟类友好行为。
对象	游客（青老年游客，6 岁儿童以上的亲子家庭等）。
场地	福田红树林生态公园的飞蓝堤和深圳湾公园（候鸟季）。
时长	25~30 分钟。

3 教学框架

环节名称		环节概要	时长
环节一	开场欢迎辞	❶ 介绍此次活动的引导员以及红树林基金会（MCF）； ❷ 介绍活动的流程及规则； ❸ 发放任务单。	2 分钟
环节二	鸟儿有什么好看的	以任务单为主线进行解说。	8 分钟
环节三	一起来观鸟	助教引导参加者排队观察鸟(10~20 人)，确保每个人都能观察到鸟。	12~17 分钟
环节四	总结	❶ 总结； ❷ 收集“鸟类代言人”书签，引导扫码进行活动反馈； ❸ 给参加者发放防撞鸟贴。	3 分钟

4 教学流程

环节一：开场欢迎辞

目　标　觉知到有很多种类的鸟在深圳湾和红树林湿地，觉知到红树林基金会（MCF）和公园管理方在做鸟类保护工作。

时　长　2 分钟。

地　点　福田红树林生态公园的飞蓝堤或深圳湾公园的亲水平台。

教　具　工作证或志愿者证、鸟类折页 20 份、任务单 20 份。

流　程

❶ 自我介绍，用简洁而有趣的一句话，让参加者记住你，与他们建立信任感；

❷ 介绍活动主办方及支持方，目前所在的场地；

❸ 介绍活动时长、流程，让参加者对活动有一个好的期待；

❹ 介绍活动规则，为后续活动的开展做好准备。

引导及解说内容

大家好，我是红树林基金会湿地教育的工作人员 XX（或受过观鸟培训的红树林基金会志愿者 XX 和其他志愿者 XX、XX、XX）。

今天的公益观鸟活动是由福田红树林生态公园自然教育中心（深圳湾公园自然教育中心）主办的。我们中心是福田区政府指导，并委托红树林基金会（MCF）全面管理运营的（我们中心是深圳湾公园管理处和红树林基金会共同运营的）。

红树林基金会（MCF）是一家保护湿地的公益环保机构。

非常开心可以带领今天的公益观鸟活动。

每年会有 5 万 ~10 万只候鸟在深圳湾越冬，今天的观鸟活动会让大家了解为什么候鸟每年都会来到深圳湾。希望大家在活动结束后能够共同参与深圳湾的爱鸟护鸟行动。

本次活动时长 25~30 分钟，分为 3 个版块。

大家都领到了观鸟任务单和笔。首先，我们会先给大家讲一讲深圳湾候鸟的那些事，需要大家边听解说，边仔细阅读和回答任务单上的问题。

其次，我们会排队使用望远镜进行观察，志愿者 XX、XX 会引导大家。每个人可以使用望远镜观察 1~2 分钟，观察后可以回到队伍的末尾。其中任务单上鸟类行为观察的内容“鸟儿在干什么”是在使用望远镜观察后完成的。

最后，我们有一个分享总结环节，大家不要提前离场。

深圳湾的“明星物种”——黑脸琵鹭

环节二：鸟儿有什么好看的

目　标

❶了解鸟类的特征，并认识到深圳湾的大部分野生鸟类是会迁徙的，保护深圳湾就是保护东亚—澳大利西亚迁飞区的鸟；认识到保护鸟类和红树林生态系统是重要的；认为保护鸟类和红树林生态系统是重要的；

❷ 支持基金会及利益相关方的工作；

❸ 了解鸟类友好行为。

时　长

8 分钟。

地　点

福田红树林生态公园的飞蓝堤或深圳湾公园的亲水平台。

教　具

教具卡 4 张（识别鸟类特征图、全球九大迁飞区图、红树林生态系统图、深圳湾 5 个保护地地图）。

流　程

❶ 鸟类小档案：通过问答形式，使参加者了解鸟类的基础知识。

❷ 鸟在干什么：通过生动的表演展示鸟类常见行为，将这些行为与鸟的生活习性关联起来，进一步引导大家思考深圳湾为它们提供了哪些生活保障，为接下来的观察做铺垫。

❸ 候鸟为什么来深圳湾：使参加者了解深圳湾的鸟从哪里来，到哪里去，通过全球九大迁飞区图了解候鸟迁飞的习性，认识深圳湾对候鸟的意义。

❹ 深圳湾哪里好：使参加者了解深圳湾的红树林湿地为鸟类提供了丰富的食物资源及适宜的栖息地。通过深圳湾地图展示深圳、香港两地协同保护候鸟栖息地，以及保护深圳湾红树林湿地的意义。

❺ 候鸟如何安全离开深圳湾：讲解护鸟工作，讲解如何让候鸟安全地来、安全地回去。

候鸟的奇妙旅行 - 深圳湾站

1.鸟类小档案 （多选题）

○ 会游泳
○ 会走路
○ 会飞
○ 卵生（下蛋）
○ 胎生（生崽）
○ 恒温动物
○ 变温（冷血）动物
○ 有覆羽
○ 有鳞片

2.鸟在干什么？（多选题）

○ 喝水
○ 吃东西
○ 捕食
○ 潜水
○ 梳理羽毛
○ 晒太阳
○ 漂浮
○ 发呆
○ 睡觉
○ 飞
○ 游泳
○ 站立
○ 走路
○ “倒栽葱”
○ “轻功水上漂”
○ “刹车”
○ “风中凌乱”
○ “金鸡独立”
○ “大鹏展翅”
○ “无影脚”
○ 带娃
○ 洗澡
○ 跳舞
○ 拉粑粑
○ 其他 ________

3.候鸟为什么来到深圳湾？（多选题）

○ 温度适宜
○ 有充足的食物
○ 有住的地方

4.深圳湾哪里好？（多选题）

○ 红树林湿地生态系统提供生存保障
○ 深圳湾由深圳、香港两个城市多个不同类型保护地共同守护

5. 我们如何做到让候鸟安全离开深圳湾？（多选题）

○ 友好观鸟：不投喂、不伤害、不惊扰鸟类
○ 支持红树林基金会（MCF）的工作：关注、支持和参与湿地保护行动
○ 支持公园管理方的工作，友好游园：不要下滩涂，与鸟类保持距离，注意安全

观察指南（单筒望远镜的使用）

望远镜属于贵重的精密仪器，已经由我们的志愿者调试好，所以大家在观察的时候不要触碰到它，以免发生移动，造成看不见等问题。

引导及解说内容

解说内容 1：鸟类小档案

今天的主题是观鸟，那你们都认识“鸟”吗？它们有什么共同的特征呢？（公众可能答会飞、下蛋、恒温等）

答 鸟类具有恒温、卵生（俗称下蛋）和体表有羽毛（哺乳动物的体表是毛发）三大共同特征。

问 好了，既然知道鸟的三大特征了，那我来考考大家，鸡和鸭是鸟吗？

答 是的，鸡和鸭是鸟！因为它们体温恒定，会下蛋（大家应该都吃过鸡蛋或者鸭蛋），体表也有羽毛。有人说鸡和鸭子好像不会飞。不是的，家鸡和家鸭被驯化过，只是飞不高和飞不远而已。如果是野生鸭子，它们中有的可以从西伯利亚飞来深圳哦！

问 企鹅是鸟吗？

答 是的。虽然企鹅不会飞，会游泳，但是企鹅有羽毛，会下蛋，体温恒定。因此，它们也是鸟！

问 蝙蝠是鸟吗？

答 不是。蝙蝠虽然会飞，但不下蛋，它们是哺乳动物，不是鸟！

通过鸟类快问快答，相信我们已经认识到什么是鸟了。有的鸟会跳来跳去，有的会左右脚走路，不是所有的鸟都会飞（如刚才提到的企鹅、鸵鸟），也不是所有的鸟都会游泳。

解说内容 2：鸟在干什么

大家如果观察一下鸟，会发现它们有一些很有趣的行为。在这里我给大家简单解释一下任务单中“鸟在干什么”里的鸟类行为。

例如：

“倒栽葱”其实是在捕食；

“水上漂”和“金鸡独立”是在休息，节省体力；

“大鹏展翅”的鸬鹚是在晾晒翅膀；

“无影脚”是在争夺地盘；

“刹车”是停飞。

所有的行为，都是鸟在为了生存而产生的吃、喝、拉、撒、住、休息、求偶等行为；深圳湾提供了它们所需要的各种生活保障。一会儿，大家可以在望远镜里观察和记录鸟在干什么。

●解说内容 3：候鸟为什么来深圳湾

刚才我们认识了鸟，细心的小伙伴应该发现今天任务单上写的是“鸟儿与深圳湾的约定”。鸟儿？深圳湾？约定？难道在我们深圳湾，鸟不是一直都这么多的吗？

其实，我们现在看到的鸟，它们当中大部分是候鸟，冬天才飞过来。

问 候鸟为什么冬天飞过来呢？

答 因为它们平时生活的地方到秋冬季节就变得越来越冷了，不能提供足够的生活保障。

问 那么，候鸟平时在哪儿生活呢？什么时候飞回去呢？

答 候鸟平时生活在北方，它们中有的可能从北极圈来。春天它们就会飞回去了。

我们发现这些鸟会在不同的季节进行迁徙，这种鸟我们叫它候鸟，候鸟迁飞的路线我们叫作迁飞区。深圳湾就处于东亚—澳大利西亚迁飞区，是这个迁飞区里数百万候鸟的栖息地。

解说内容 4：深圳湾哪里好

那深圳湾为什么能吸引候鸟停留呢？

❶ 深圳湾的红树林湿地能够为多种生物提供生活场所，如鱼、虾、蟹、贝等，因此，也为鸟类提供了丰富的食物资源及适宜的栖息地。

“宴会厅里大聚餐”
Banquets in the dining hall
的嘴巴像尖嘴钳
黑翅长脚鹬的嘴巴像筷子
红脚鹬的嘴巴像筷子
环颈鸻的嘴巴像尖嘴钳
红嘴鸥
icocephalus ridibundus
黑翅长脚鹬
Himantopus himantopus
红脚鹬
Tringa totanus
环颈鸻
Charadrius alexandrinus
鸟类的喙千变万化，有的像大夹子、有的带着尖尖的弯钩，有的像条小船、还有的直直的像个钉子……

❷ 深圳湾由深圳、香港两个城市，以及深圳湾公园、福田红树林国家级自然保护区、福田红树林生态公园、香港米埔自然保护区、香港湿地公园等多个保护地共同守护。

●解说内容 5：我们如何做到让候鸟安全离开深圳湾？

问 大家觉得候鸟如何才能安全地离开深圳湾呢？

答 正如前面所说，政府建立了保护区和公园，像红树林基金会一样的公益组织也在做着鸟类的保护、科研和科普教育相关的工作。

问 我们个人可以做什么呢？（这时，可以让公众看任务单。）

答 平时来到深圳湾公园游玩的时候，可以用友好游园的方式：不要下滩涂，与鸟类保持距离，注意安全。每个人都能做到这些就是对公园管理和候鸟保护最大的支持。

> 观鸟时，要谨记友好观鸟三大原则：不投喂、不伤害、不惊扰鸟类。
>
> 大家的关注和支持对湿地保护都是重要的、不可或缺的力量，想让候鸟安全地离开，就一定要齐心协力，一起保护好深圳湾这个栖息地。

环节三：一起来观鸟

目 标

❶ 觉知到有很多种类的鸟在深圳湾和红树林湿地；

❷ 了解鸟类的特征，学会使用望远镜和图鉴观鸟；

❸ 认为保护鸟类和红树林生态系统是重要的；

❹ 践行鸟类友好行为。

时 长

12~17 分钟。

地 点

福田红树林生态公园的飞蓝堤或深圳湾公园的亲水平台。

教 具

单筒望远镜 1~2 个，双筒望远镜 2~4 个，遮挡眼睛的勺子 2 个。

流 程

❶ 约定观鸟行为；

❷ 观鸟及讲解，讲解望远镜可看到的鸟种类、形态特征及行为。

引导及解说内容

在观鸟前，我们和大家有如下几个约定。

❶ 单筒望远镜已经调试好了，无法用单眼观察的伙伴可以向志愿者借用遮挡眼睛的勺子；

❷ 当你在望远镜中看不到鸟时，请告知志愿者，让志愿者重新调试；

❸ 在看的过程中，不要用手和脚碰到望远镜，造成望远镜移动后就会看不到鸟；

❹ 看到鸟不要太激动，不要给后面的伙伴剧透太多；

❺ 大家可以观察鸟在做什么样的行为，在任务单相应的位置上勾选；

❻ 如观看时间结束后还想继续观看，可找志愿者借用双筒望远镜或者继续排队等待使用单筒望远镜。

● 介绍常见鸟类（5 分钟）

以深圳湾候鸟季常见的 8 种鸟为主要介绍对象，将鸟类有趣的地方介绍给公众。

白鹭

留鸟，体长 61cm 左右，小型白色鹭鸟，黑嘴，黄脚趾。

有趣的讲解点：

❶ 关于白鹭的绕口令：白鹭是我们常说的小白鹭，大白鹭就是我们常说的大白鹭，中间其实还有一个中白鹭，中白鹭又很像黄嘴白鹭，而小白鹭和牛背鹭又很像，所以不要再一看见白色的大水鸟，就喊“白鹭”了，因为可能是大白鹭、中白鹭、白鹭、黄嘴白鹭、牛背鹭。

❷ 白鹭在水中觅食的时候会有个有趣的动作：它的一只脚会在水里拼命地搓。

“它脚痒了吗？”

“其实，它是在钓鱼。鱼的视力比较弱，在水里经常看不清楚，白鹭搓脚就会形成一种假象，即有个东西在前面动，鱼以为是食物，就会游过去，白鹭就乘机抓鱼进肚。”

❸ 在繁殖季，白鹭的白色“礼服”上会多出一些装饰：枕部（即后脑勺）会长出 2 条长羽，就像水兵帽子后面的飘带；背部和胸部长出许多蓑羽，纤细如丝，飘飘似发。

大白鹭

冬候鸟，体长 95cm 左右，大型白色鹭鸟，黄嘴，黑脚趾，嘴裂超过眼睛。

有趣的讲解点：

❶ 请问小白鹭长大了叫什么？请问大白鹭小时候叫什么？

小白鹭长大了叫大小白鹭，大白鹭小时候叫作小大白鹭。

❷ 大白鹭和小白鹭怎么区分呢？

看脖子。大白鹭的脖子弯曲的“S”形极为明显，下巴都感觉要枕到脖子上了；小白鹭的脖子弯曲幅度小一点。

❸ 大白鹭孵卵是雌雄轮流进行的。一只在巢内孵卵，一只外出觅食。

苍鹭

冬候鸟，体长 102cm 左右，夏季少见，浅灰色及黑色大型鹭鸟，又名长脖老等。

有趣的讲解点：

❶ 苍鹭为什么叫长脖老等？
因为苍鹭会长时间站在某个地方，其实这是它的捕食方式。苍鹭以小鱼、蛙、水生昆虫等为食，它们会在水边一动不动“守株待兔”，等猎物游到身边后，瞬间出击，用喙抓住食物直接吞下。

❷ 等多久？
它们有时一站就是几个小时。

❸ 苍鹭会重复利用以前使用过的鸟巢，它们的巢一般在高大的树木上，第一次繁殖的苍鹭则需要自己搭建新巢。

反嘴鹬

冬候鸟，体长 43cm 左右，10 月至次年 4 月可见，黑白两色，嘴长而上翘。

有趣的讲解点：

❶ 往上翘的嘴巴怎么吃东西呢？
它们会用上弯的喙在水下来回扫动，过滤食物。

❷ 反嘴鹬有“翘嘴娘子”的美称，在福建等地被直接称为“翘嘴鹬”。

❸ 鸻鹬类涉禽大多脚和趾爪特别长，趾间无蹼，长腿涉水而行，不善游泳。而反嘴鹬是个特例，它们的趾间有蹼，是鸻鹬类中少有的游泳健将。

黑翅长脚鹬

冬候鸟，体长 37cm 左右，嘴细长且黑色，两翼黑，腿长且红色，体羽白色，颈背具黑色斑块。

有趣的讲解点：

❶ 因为腿长，黑翅长脚鹬有“长腿娘子”“红腿娘子”的美称，在台湾省直接称呼它为“高跷鸻”。

❷ 它的腿有多长呢？
身高 37 厘米左右，腿就有 30 厘米。

❸ 求偶的时候，雄鸟会围绕着雌鸟兜圈圈，左边三圈，右边三圈——那首“左三圈右三圈”对人类来说是健康歌，对它们来说，是求偶必胜口诀。

❹ 一夫一妻育雏，会轮流孵蛋。

红脚鹬

冬候鸟，体长 27cm 左右，10 月至次年 4 月可见，红脚，红嘴基（鸟喙一半红色，一半黑色）。

有趣的讲解点：

❶ 在看到红脚鹬的时候，它们似乎一直在不停地在低头啄食，据研究发现，它们每分钟啄食 60~70 次，成功率为 70%~90%。

❷ 红脚鹬搭建的巢相对其他鸻鹬类水鸟讲究一点——在矮草丛的上面垫一点泥土，筑出一个个浅盘状的巢。

琵嘴鸭

冬候鸟，体长 50cm 左右，大嘴。雄鸟头部深绿色，胸白色；雌鸟褐色斑驳，尾近白色。

有趣的讲解点：

❶ 因其嘴巴形如琵琶，故而得名琵嘴鸭。琵嘴鸭的嘴很大，比头还长，嘴和头的长度比例约为 2 ∶ 1。

❷ 在琵嘴鸭嘴内部的两侧有一些锯齿状突起，这些突起可以帮助它们滤取水里的食物，它们的食物主要是一些无脊椎动物。

赤颈鸭

冬候鸟，体长 47cm，雄鸟头部是栗色，其他部分羽毛多为灰色，腹部是白色；雌鸟通体褐色，腹部是白色。

有趣的讲解点：

❶ 雄鸟发出的叫声类似吹口哨的“咻——咻——”声，和其他鸭类的“嘎——嘎——”声大不相同。

❷ 捕食方法是用扁平带梳齿状的嘴从水中滤取食物。

环节四：总结

目　标	觉知到红树林基金会（MCF）和公园管理方在做鸟类保护工作；认为保护鸟类和红树林生态系统是重要的；支持基金会及利益相关方的工作；践行鸟类友好行为。
时　长	3 分钟。
地　点	福田红树林生态公园的飞蓝堤或深圳湾公园的亲水平台。
教　具	鸟类防撞贴纸、小信箱、线上反馈二维码。
流　程	❶ 引导参加者作为鸟类代言人为鸟类发声； ❷ 展示鸟类防撞贴纸，引导参加者回家后张贴并填写活动反馈； ❸ 引导参加者继续自行参观自然教育中心或科普展馆，让游客后续能持续关注红树林基金会（MCF）的保护工作。

引导及解说内容

❶ 引导参加者作为鸟类代言人为鸟类发声

今天的“鸟儿与深圳湾的约定”体验快要结束啦！在结束之前，深圳湾的“明星鸟”——黑脸琵鹭皮皮作为代表邀请大家来为鸟儿们代言。

大家看看任务单的顶端有一只黑脸琵鹭，这部分是可以撕下来的，上面写着“皮皮特邀你作为鸟类代言人，快来为鸟‘发言’吧！”你们可以写下你从候鸟的角度想对人类说的话，投递到这个小信箱里面。

皮皮特邀你作为鸟类代言人，快来为鸟“发言”吧！

❷ 引导参加者回家的行动

为了鸟儿们能更好地生活在这里，回到家中，我们能做什么呢？我们可以使用这个鸟类防撞贴纸，防止鸟儿在飞行过程中撞到反光的玻璃。

大家在扫码填写活动反馈问卷后，在离开之前可以向志愿者领取一份鸟类防撞贴纸，回家后仔细阅读使用说明，在合适且必要的地方贴上。

❸ 引导参加者继续自行参观自然教育中心或科普展馆

在活动结束后，大家可以根据地图指引自行参观深圳湾公园自然教

嘭——
小心玻璃！

鸟类不认识人类的发明——玻璃。

鸟类看到的，不是玻璃背后的室内空间，是玻璃反射的户外天空和大自然。

让我们用“**防撞贴**”来提醒鸟类：**小心！前方有障碍！请绕道！**

防撞贴纸使用须知

1.什么样的玻璃需要贴？
能够反射真实户外环境或太过于透明的玻璃就有可能发生鸟撞，建议对有可能或已经发生鸟撞的玻璃进行粘贴。

2.贴什么内容？
有人贴鸟类的天敌恐吓鸟类如贴猛禽、贴蛇，但是研究发现贴什么图案都可以，重点是让鸟类看到“前方有障碍”。

3.要怎么贴？
本贴纸可以在30cm×30cm大小的区域粘贴1张，除了本贴纸以外你还可以尝试使用直径 1.5cm 的圆点，以横向 10cm、纵向 5cm 的距离进行粘贴。

4.贴哪里？
玻璃窗外。

持续参与公民科学：
可以持续关注鸟撞事件，并向“全国防鸟撞网络”进行上报。

鸟类防撞贴纸及使用说明

育中心（福田红树林生态公园科普展馆），进一步了解更多鸟儿相关的知识，也可以在公园观察并寻找任务单上的其他鸟儿。记得友好观鸟三原则哦！

最后，希望大家关注红树林基金会（MCF）公众号来了解我们更多的活动，也希望今天活动结束后大家回去能跟家人分享今天的活动，带着他们一起爱鸟护鸟。

深圳湾公园自然教育中心的地图

5 教学实践

课程开展情况

2022—2023 年候鸟季在深圳湾公园和福田红树林生态公园共开展课程 28 场次，共有 1516 名公众参与。

授课引导员为工作人员和经过培训的志愿者，每次活动有 4 场，每场 30 分钟，每次共会配备 4~6 名讲解人员，每场分工为 1 名主讲、1 名单筒望远镜助教、1 名签到助教、2~3 名协助助教。

课程开展现场

引导员实践

活动开展情况及经验总结	活动志愿者	活动时间及地点
❶ 公众均已经知晓不能投喂野鸟和不下滩涂，在每一场交流中均与我们有共识。虽未必是从我们的活动获知的，但从中可见，只要持续传播必定能将科普知识传播至全社会人群。 ❷ 儿童很遵守分列排队观看望远镜的秩序，也会督促成人做到，这也是在督促我们的秩序管理。 ❸ 当我们将某些鸟类行为、爱鸟护鸟行为，用“拟人”的方式（也就是假设公众自己或者人类）和公众沟通时，对方很容易产生共情，知识科普效果很好。 总体来说，我们认为公众大多已经知晓友好观鸟三原则，也能做到。	燕子、彼岸花、斑头大翠鸟、木棉、小麦、橙子	2023 年 3 月 6 日 深圳湾公园
❶ 今天好几组亲子家庭专门来观鸟，有一位爸爸带女儿第二次专门来这里，也是专门来找我们的。在讲解过程中，我们考察了女儿的知识掌握程度，她都记得，她很开心，我们也很受鼓舞！和她约定了明天在深圳湾公园，观更多的鸟，期待明天和她相见。 ❷ 现场出现幼儿园年纪大小的小孩，观察力很厉害，很有热情，能辨认鸟的不同颜色。 ❸ 与公众互动时发现公众对鸟特征的固有印象与新的知识会让他们觉得很有趣和有冲击感。	彼岸花、石榴、拉姆拉措、香花树	2022 年 12 月 3 日 福田红树林生态公园
❶ 在望远镜观察环节，排队公众会追问志愿者各类问题，进行解答后，他们很满意。 ❷ 附近下滩涂的人群是很好的反面教材，让公众记住了友好游园、文明观鸟的原则。	彼岸花、小麦、西红柿、骨头、木棉、紫荆	2022 年 12 月 11 日 深圳湾公园

参加者实践

称呼	身份特征	评价
凤	和家人一起参与，有小孩，年龄 31~45 岁，女性，来自广东深圳	引导员都很认真耐心地讲解，让大小朋友们补充了很多平时对鸟认识不够的地方。
豆豆	和朋友一起参与，年龄 31~45 岁，男性，来自广东广州	详细了解了深圳湾候鸟种类、迁徙路线和活动空间，初步认识了不同种类候鸟的长相、捕食方式和食物。
许先生	和家人一起参与，年龄 18 岁以下，男性，来自广东梅州	讲解员的主动性和积极性很好，认识了几种鸟，了解到保护生态对鸟类的重要性。
Gaaji	和家人一起参与，有小孩，年龄 18~30 岁，女性，来自广东深圳	通过观鸟和观植物，了解了红树为什么叫红树，红树在海水里生存的适应性特点； 我学会了观植物要从特点出发，把握根本性质特征； 我知道了以后带小朋友开展自然教育活动时要因地制宜，就地取材。

6 课程评估

根据参加者在参加活动后的反馈问卷及环节四中留下的留言进行课程评估。

根据反馈问卷进行活动满意度和有趣程度的分析，从图表中可以看到，在深圳湾公园的活动中，86% 的公众满意度为 10 分，8% 的公众满意度为 9 分；80% 的公众对活动有趣程度打分为 10 分，10% 的公众打分为 9 分。在福田红树林生态公园的活动中，84% 的公众满意度为 10 分，7% 的公众满意度为 9 分；77% 的公众对活动有趣程度打分为 10 分，13% 的公众打分为 9 分。与此同时，我们还对公众的反馈进行文字云分析，文字出现的频率越高，在词云的显示会越大。从深圳湾公园和福田红树林生态公园的词云看出，公众对活动的高频评价多为好、很好、讲解很好、讲解有趣、讲解清晰、观鸟等。

反馈问卷

怎么称呼	您对今天活动满意吗？（请选下您心目中的分数吧）	请对今天活动内容有趣程度进行评分	今天的活动，您认为哪里做得最好？让你收获了什么？	今天的活动，您觉得还有什么可以改进的地方吗？	今天的活动，您是在哪里看到并参与的呢？	您会将这个活动分享给您的亲朋好友吗？	您是和家人朋友来的还是独自来的？	您的家人成员中是否有儿童呢？	您的年龄	您的性别
彭同学	10	10	讲解生动，组织人员热情	希望能观看更多种鸟类	现场活动看到感兴趣	5	和家人	有	18岁以下	男
Amanda同学	10	10	科普讲解	宣传	现场活动看到感兴趣	10	和家人	有	31~45岁	女
米粉	10	10	介绍了鸟类迁徙的知识	无	现场活动看到感兴趣	10	和家人		46~50岁	男
玫瑰	10	10	了解候鸟的习性，并且知道我们应该如何保护它们。生态环境需要共同去维护	希望能再多点知识	红树林基金会微信公众号	10	和朋友		46~50岁	女
费先生	10	10	看到鸟了	时间太长，鸟太少	现场活动看到感兴趣	10	和家人		31~45岁	男
黄同学	10	10	对鸟类有新的认识	不给小鸟投喂食物	现场活动看到感兴趣	10	和家人	有	18岁以下	男
魏先生	10	10	了解鸟的特征	没有	福田红树林生态公园微信公众号	10	和家人	有	31~45岁	男
许女士	10	10	带孩子参加活动，非常感谢让孩子了解很多关于鸟的知识！	很好	红树林基金会微信公众号	10	和家人		31~45岁	女
陈女士	10	10	有知识有观察	没有	现场活动看到感兴趣	10	和朋友		31~45岁	女
小米	10	10	老师讲解很详细，认识了鸟类的特征	声音有点小，有个话筒就好了	现场活动看到感兴趣	10	和家人	有	31~45岁	女

参加者留言

满意度反馈及有趣程度反馈（深圳湾公园）

- 您对今天活动满意吗？（请选下您心目中的分数吧）

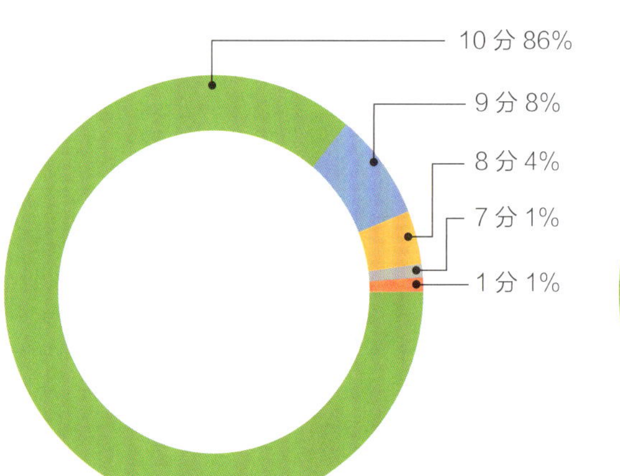

- 请对今天活动内容有趣程度进行评分

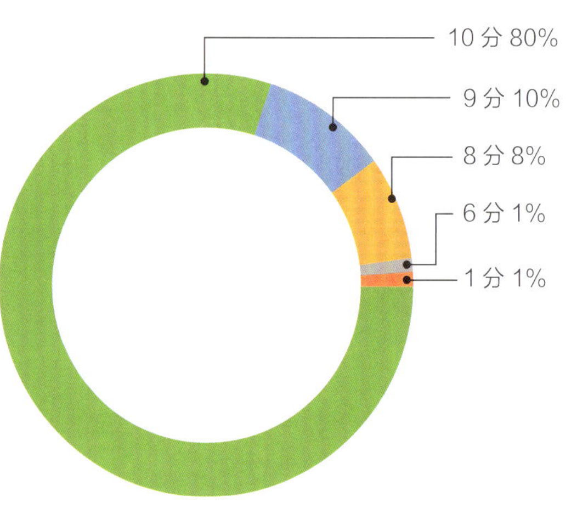

满意度反馈及有趣程度反馈（福田红树林生态公园）

● 您对今天活动满意吗?
（请选下您心目中的分数吧）

10 分 84%
9 分 7%
8 分 6%
7 分 1%
6 分 1%
5 分 1%

● 请对今天活动内容有趣程度进行评分

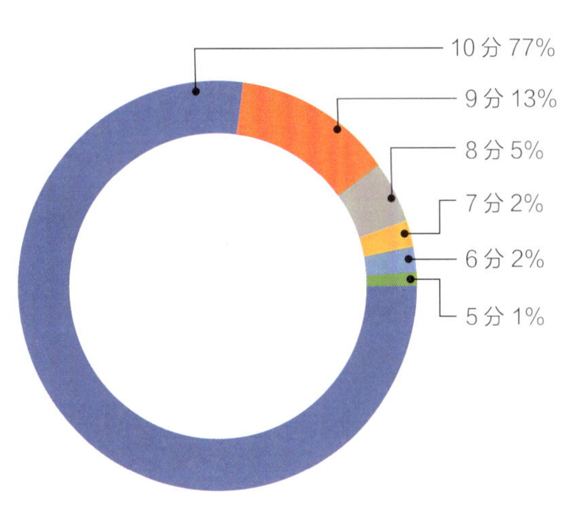

参加者对深圳湾公园活动收获的词云

参加者对福田红树林生态公园活动收获的词云

7 延展阅读

知识点及定义说明

企鹅

企鹅是一种鸟类，属于游禽，具有游泳的能力，但由于翅膀短小，体重较沉，不擅长飞行。

蝙蝠

蝙蝠属于哺乳动物，雌性产下幼仔，用乳汁哺育。

望远镜的使用

观察鸟类使用的望远镜可简要分为单筒望远镜和双筒望远镜：单筒望远镜倍数高，体积大，适合观察距离较远且活动频率较低的水鸟（如鸻鹬、雁鸭类）；双筒望远镜倍数小，体积小，易于携带，适合观察近距离且活动频率较高的鸟类。日常情况下，个人使用最多的就是双筒望远镜。

❶ 单筒望远镜的使用方法

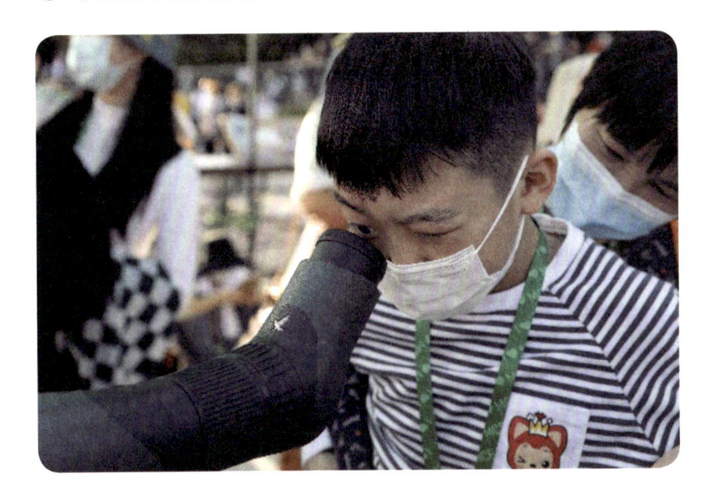

红树林基金会（MCF）使用的单筒望远镜为施华洛世奇光学 ATX 30-70x95 单筒望远镜，70 倍光学变焦，95mm 物镜直径

A：物镜组件的对焦轮

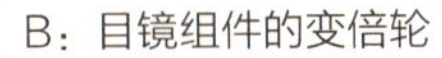

单筒望远镜目镜组件

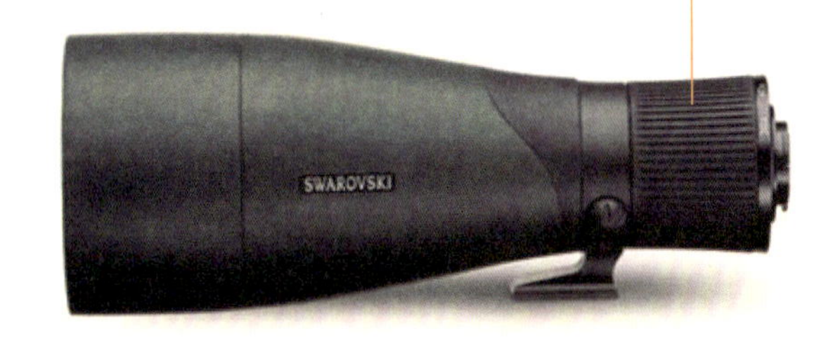

单筒望远镜物镜组件

操作步骤

❶ 先将 B 放到 30 倍，在此倍数下能有最大视野；

❷ 调整 A，让视野变清晰，寻找目标；

❸ 对准目标后，再次调整 B，让目标呈现出适当大小；

❹ 调整 A，让视野变清晰，观察目标。

注意事项

❶ 千万不要动目镜组件的圆按钮，按后望远镜会掉落。

❷ 不要用手直接移动目镜和物镜，其连接处比较脆弱，容易被弄坏。

❷ 双筒望远镜的使用方法

望远镜部件

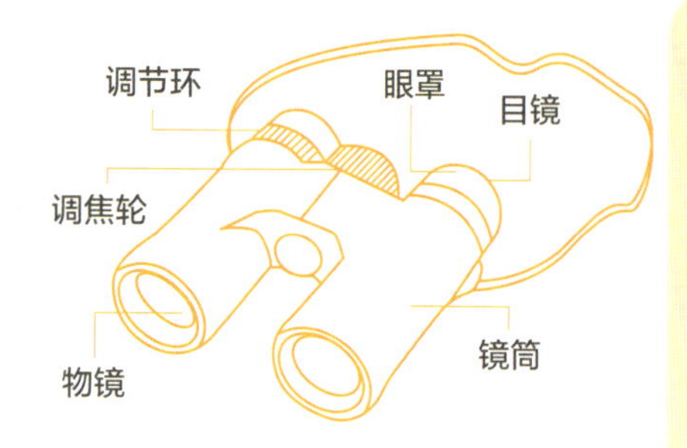

注意事项

❶ 爱护望远镜：使用时必须挂在脖子上；不用手摸镜片，以免影响清晰度。

❷ 爱护自己：不用望远镜直接看太阳，以防烧伤双眼；不边走边用望远镜，以防踩空摔伤。

❸ 先用肉眼找到目标的位置，再把望远镜放到眼前观察目标。

双筒望远镜的组件操作步骤

❶

将望远镜挂在脖子上，确认挂绳不松脱。（贵重物品需爱惜。）

❷

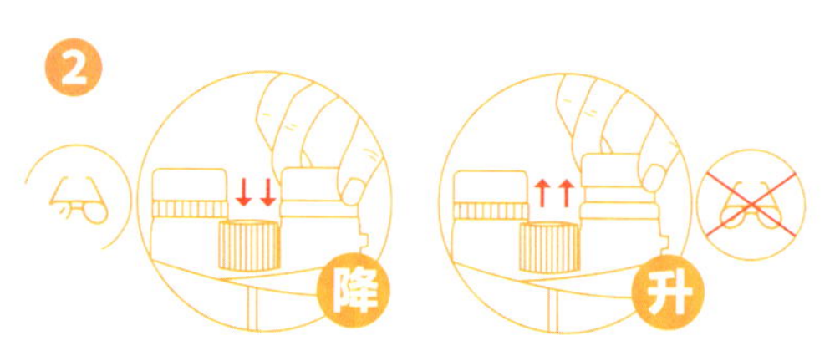

旋动眼罩：戴眼镜则旋降眼罩，不戴眼镜则旋升眼罩。

❸

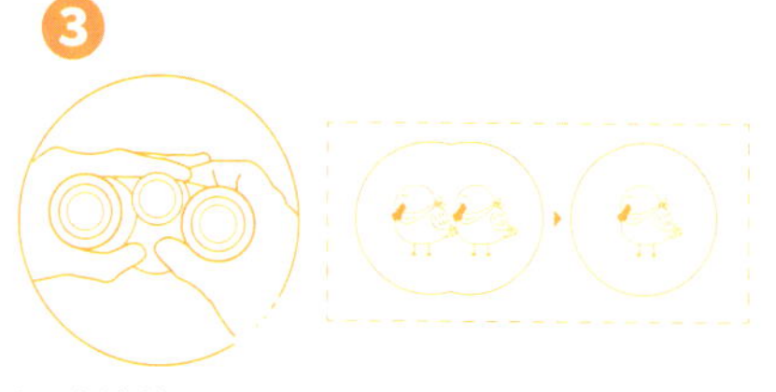

扳动镜筒，直到视野里的两个圈合为一个。

❹

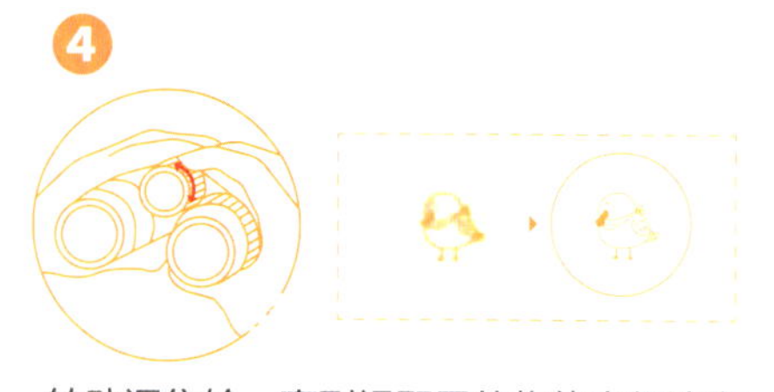

转动调焦轮，直到视野里的物体变得清晰。

鸟撞

鸟类在空中飞行可能因为发现不了玻璃的存在而撞伤、撞死，可以为玻璃贴防撞击贴纸，减少鸟类的误伤。

推荐阅读书目及文献

- 《自然教育通识》，中国林业出版社，2021
- 《鸟儿有什么好看的》，深圳湾常见鸟类折页，2022
- 《自然观察，我的第一本观鸟日记》，寥晓东等，新世纪出版社，2013
- 《中国鸟类观察手册》，刘阳等，湖南科学技术出版社，2021

8 课程机构

红树林基金会（MCF）

红树林基金会（MCF）是中国首家由民间发起的环保公募基金会，致力于保护湿地及其生物多样性，践行社会化参与的自然保育模式。目前已启动“守护深圳湾”“拯救勺嘴鹬”“重建海上森林”三大战略品牌项目。

红树林基金会（MCF）聚焦深圳湾湿地，与各个单位合作运营三个自然教育中心（自然学校），根据各场域不同的自然环境与人文特质，开发并不断升级了面向不同人群的课程体系。

深圳湾公园自然教育中心（自然学校）

——连接海与城市、沟通鸟与人类的自然教育长廊

深圳湾公园自然教育中心（自然学校）于 2015 年 11 月开始由红树林基金会（MCF）运营。在一群热爱自然、充满热情的志愿者的支持下，运营团队基于深圳湾的生态、历史、人文特点研发了多个适合市民参与的活动，引领公众持续关注、支持和参与湿地保护行动。

福田红树林生态公园自然教育中心（自然学校）

——守护深圳湾的小钥匙

福田红树林生态公园是以“生态修复、科普宣教、旅游休闲”等功能为一体的服务于公众的湿地公园，于 2015 年 12 月正式向公众开放。

福田红树林生态公园具有优美的自然环境和丰富的湿地生境，还有以红树林湿地、鸟类家园以及沙嘴村口述史为主题的互动体验式科普展馆，是让深圳市民亲近湿地，了解红树林生态的重要学习场所。

9 引导员笔记

07 海豚来了

如果你去过广东的海边，那么，你最难忘的大概是踏在沙滩上，闻着海腥味，皮肤被湿热的海风轻拂的感觉。如果你和沿海的渔民聊一聊，聊起他们在渔船上的生活，捕鱼中难忘的故事，家族里世代相传的传说，你一定会听到妈祖的传说和中华白海豚的故事。

曾经的中华白海豚，守护着我们广东沿海渔民，现在换我们来守护这中华白海豚，守护我们共同的海洋。

广东江门中华白海豚省级自然保护区管理处通过“探秘中华白海豚”系列自然教育课程，和社区居民一起守护中华白海豚。

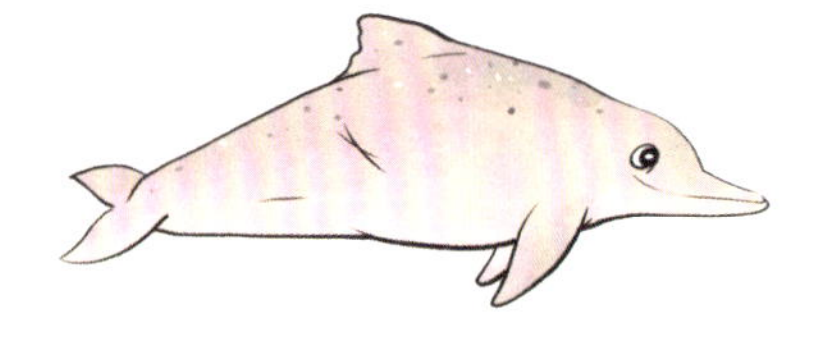

课程“海豚来了”，是在广东江门中华白海豚省级自然保护区周边的社区学校开展的系列校本课程中的一门课。

课程通过鱼和哺乳动物的对比、骨骼和身体结构的对比，让参加者了解海洋哺乳动物的特征和它们在海洋中生存的秘诀。课程延展至海洋哺乳动物的演化和环境适应的关系，最后引导践行海洋友好的保护行动。

1 教学背景

背景一：海洋类型保护区开展自然教育的目标与限制

广东江门中华白海豚省级自然保护区管理处（以下简称管理处），位于台山市赤溪镇，而保护区则位于与管理处遥遥相望的大海中，这也是多数海洋类型保护区的特征。在管理处内，仅有一个博物馆，对公众常规开放。

当我们在描述什么是自然教育课程的时候，总是会引用三个关键词：在自然中（in nature）、关于自然（about nature）和为了自然（for nature）。但是很遗憾，在海洋类型的保护区，由于地理因素的限制，我们很难带领参加者乘船到海上，亲眼见到我们的旗舰物种——中华白海豚。

因此，如何更好地面向公众开展自然教育工作，成为重大的挑战之一。

同时，海洋最大的特征之一，就是连通性。世界上所有的海洋都是相互连通的，对于海洋里的生物亦是如此。因此，让周边社区和靠海吃海的人们更广泛地了解和参与保护中华白海豚，是我们重要的教育工作。

背景二：中华白海豚的保护与社区发展

关于中华白海豚的自然教育，我们一贯寻求保护和社区发展中的平衡，倡导共同守护中华白海豚，践行可持续、合理开发利用海洋的生产方式。

我们选择了以系列课程进校园的形式，开展中华白海豚校本课程的项目，设计了系列课程，让参加者可以在学校课程中边探究边学习；同时，开展了校长和教师培训，提供

PPT 和配套的学习任务单，让参加者知道他们所在的地方有中华白海豚，并且知道如何保护它们。我们希望可以通过参加者影响他们的家人——也就是众多的渔民或者在海边城镇生活的人，从而实现我们的保护目标。

背景三：“探秘中华白海豚”系列课程

“探秘中华白海豚”系列课程一共有 10 节课，分为 3 章：第一章为海洋生物多样性；第二章为保护问题与威胁；第三章为海洋的可持续利用。本次汇编课程，选择了第二章的第三课，从第一、二课的保护问题，讲到如何参与和行动。在教育目标上，采用了从觉知、知识、态度到技能和行动的递进关系。

2 教学信息

设计者	广东江门中华白海豚省级自然保护区管理处 冯抗抗 鄢默澍、彭耐、郝珊珊、邱文晖
课程目标	觉知目标： • 觉知到中华白海豚的存在； • 觉知到中华白海豚可能面临环境变化和生存挑战。 知识目标： • 了解到中华白海豚不是鱼类，而是跟人类亲缘关系更近的哺乳动物； • 了解海洋哺乳动物与鱼类的区别； • 了解中华白海豚的身体特征； • 理解动物的演化特征与环境适应的关系。 态度目标： • 对中华白海豚产生共情； • 支持中华白海豚的保护。 行为目标： • 践行对中华白海豚有利的环境友好生活行为。
对象	小学 3~6 年级学生。
场地	室内课程。
时长	90 分钟或 2 个 45 分钟。

3 教学框架

环节名称		环节概要	时长
环节一	海豚不是鱼	通过对比骨骼的特征，了解到中华白海豚不是鱼类，是哺乳动物。	25 分钟
环节二	一头爱上游泳的牛	通过对比中华白海豚的陆地近亲——牛，讲述海豚在适应海洋环境演化出的特殊身体结构。	30 分钟
环节三	海豚变变变	未来的中华白海豚随着环境变化会怎么演化?	25 分钟
环节四	分享与总结	总结中华白海豚的特征与适应的环境。	10 分钟

4 教学流程

环节一：海豚不是鱼

目　标

❶了解到中华白海豚不是鱼类，而是跟我们人类亲缘关系更近的哺乳动物；

❷了解海洋哺乳动物与鱼类的区别。

时　长

25 分钟。

地　点

室内。

教　具

PPT。

流　程

活动一：说一说

1 回忆你见过的鱼和吃过的鱼，说一说鱼有什么特征。

2 回忆你认识的哺乳动物：牛、河马、人，说一说哺乳动物有什么特征。

3 对比鱼类和哺乳动物，找出区别。

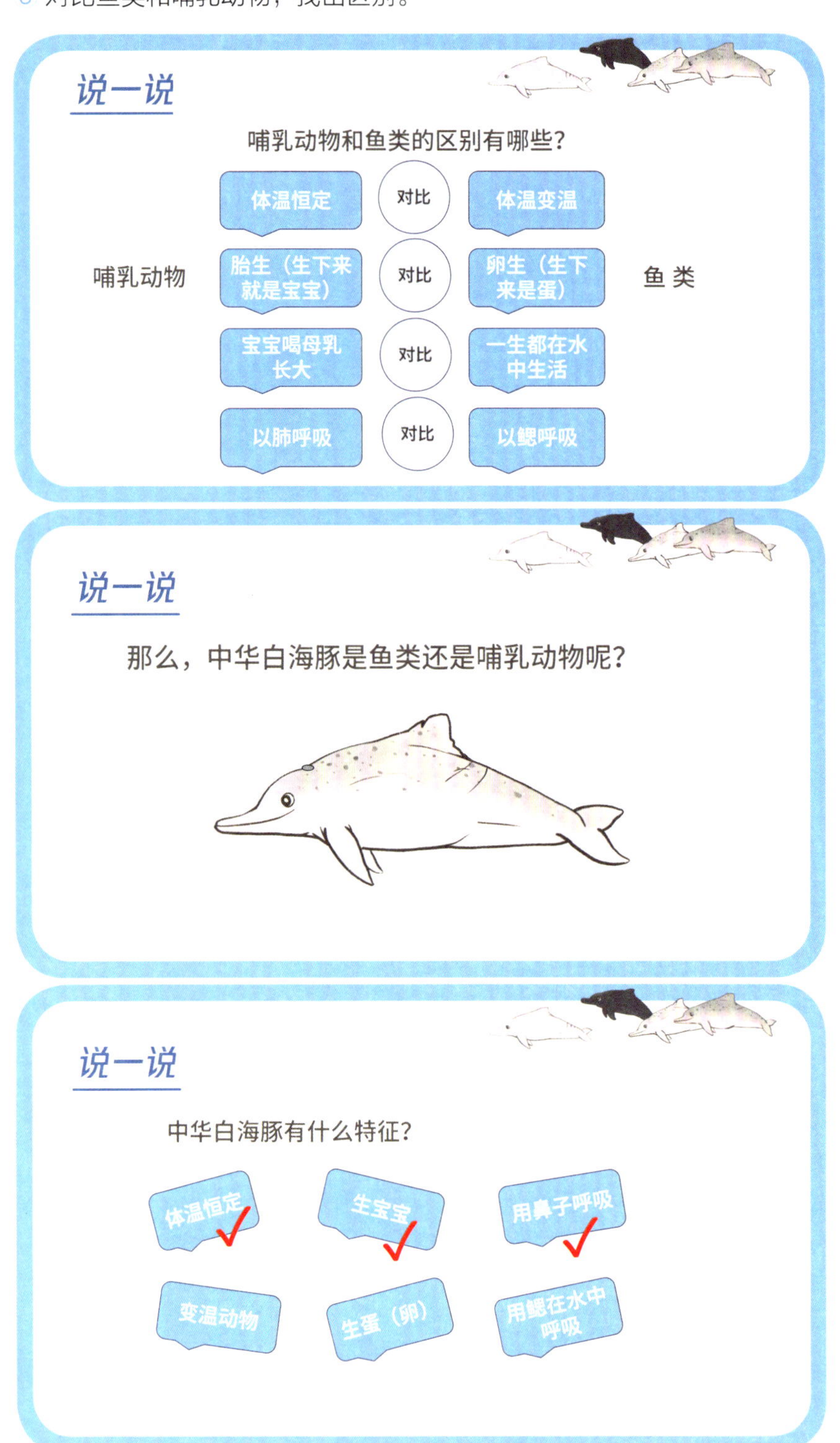

活动二：猜一猜

大家知道自己的手臂到手指的骨头是什么样子吗?

有几根手指头?

手臂由两组又长又粗的骨头构成；

手指由五组细细长长的指头（骨）构成。

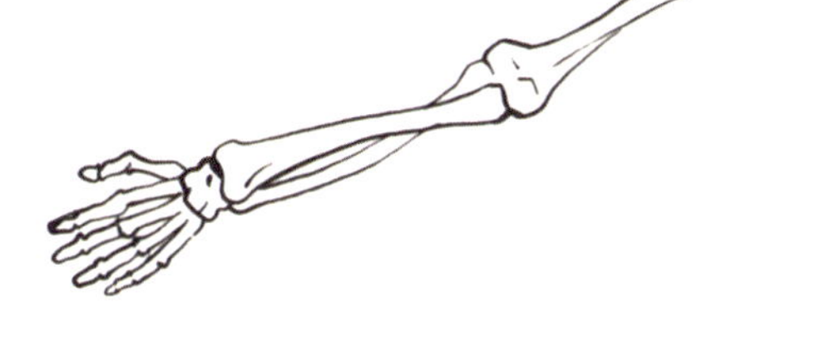

猜一猜

中华白海豚是用哪个器官喷水的呢?

中华白海豚的“手臂和手”里面的骨头究竟是怎样的呢?

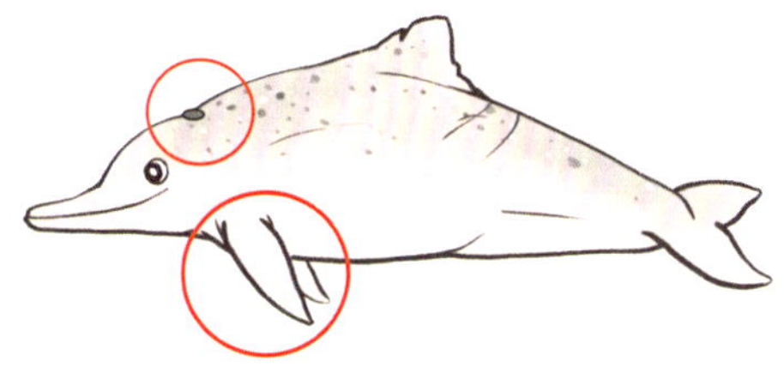

猜一猜

大家知道中华白海豚的“手臂”到“手指”的骨头是什么样子吗？有几根手指头？

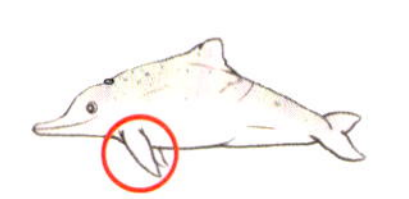

A.像鱼一样，没有手指头。

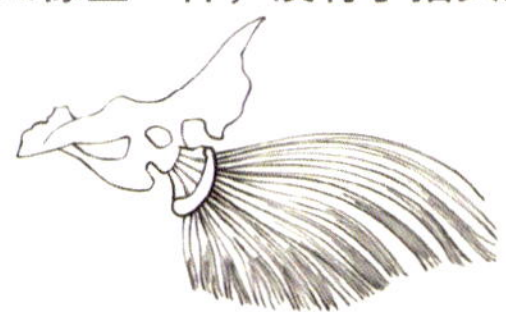

B.像人一样，有五根手指头。

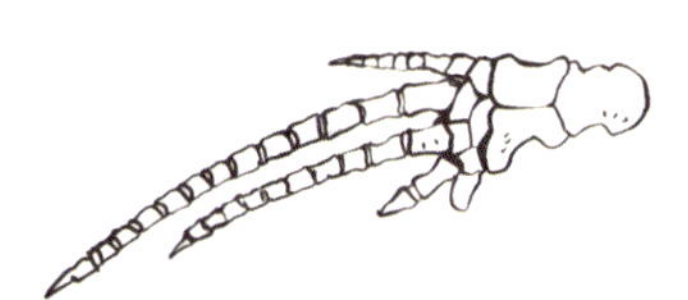

正确答案：像人一样有五根手指！

虽然它们被肉整体包裹起来了，但是游起泳来，更好用啦！

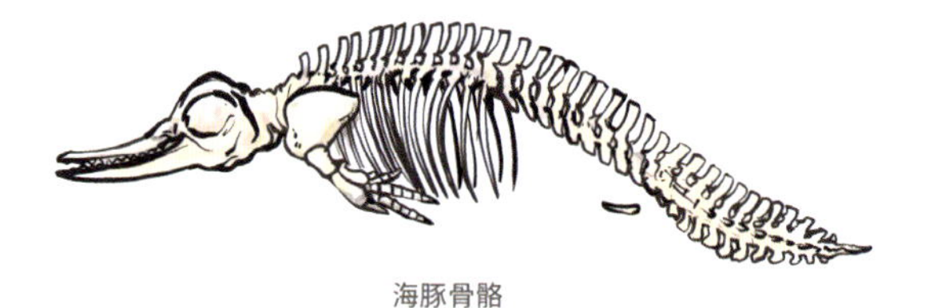

海豚骨骼

●活动三：比一比

中华白海豚不是鱼，是和人类一样的哺乳动物。

和人类相比，它们有什么相同点和区别呢?

中华白海豚和其他鲸鱼及海豚都是哺乳类动物，和人类一样体温恒定、用肺部呼吸、怀胎产子并用乳汁哺育幼儿。它们和人相比，有哪些区别呢？

中华白海豚		人
出生时约 25 千克 成年可达 150~220 千克	体重	出生时 2.9~3.8 千克 成人体重个体差异很大，范围大致在 50~100 千克
出生时约 1 米 成年可达 2.2~2.8 米	体长	出生时 48~55 厘米 我国成年人平均身高为 1.63~1.70 米
30~40 岁	寿命	平均 70 岁
妊娠期 11 个月，没有双胞胎	繁殖	妊娠期 10 个月左右，有双胞胎或多胞胎
尾巴先出来	分娩	头部先出来
用肺呼吸，每分钟换气 2~3 次	呼吸	用肺呼吸，每分钟 16~20 次
幼豚出生后进食母乳，持续时间 8~20 个月，之后进食各种鱼类，偏爱石首鱼科	食物	婴儿出生后母乳喂养，持续时间 10~12 个月甚至更长，之后会吃水果、蔬菜、肉等各种食物

资料参考：《2014 年国民体质监测公报》https://www.sport.gov.cn/n315/n329/c216784/content.html。

环节二：一头爱上游泳的牛

目 标

❶ 觉知到中华白海豚的存在；
❷ 了解中华白海豚的身体特征；
❸ 理解动物的演化特征与环境适应的关系；
❹ 对中华白海豚产生共情。

时 长

30 分钟。

地 点

室内。

教 具

PPT、白纸。

流 程

活动一：中华白海豚遇见了一头爱上游泳的牛

牛问：我太羡慕你会游泳了，我能不能像你一样，生活在大海里呢？

豚答：你能，来试一试吧？

说一说

从陆地到海洋，环境发生了哪些变化？
对牛的生活来说，有哪些变化呢？

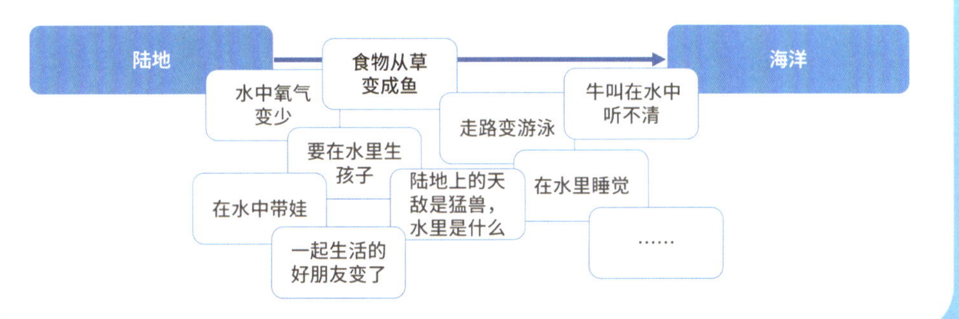

活动二：画一画，说一说

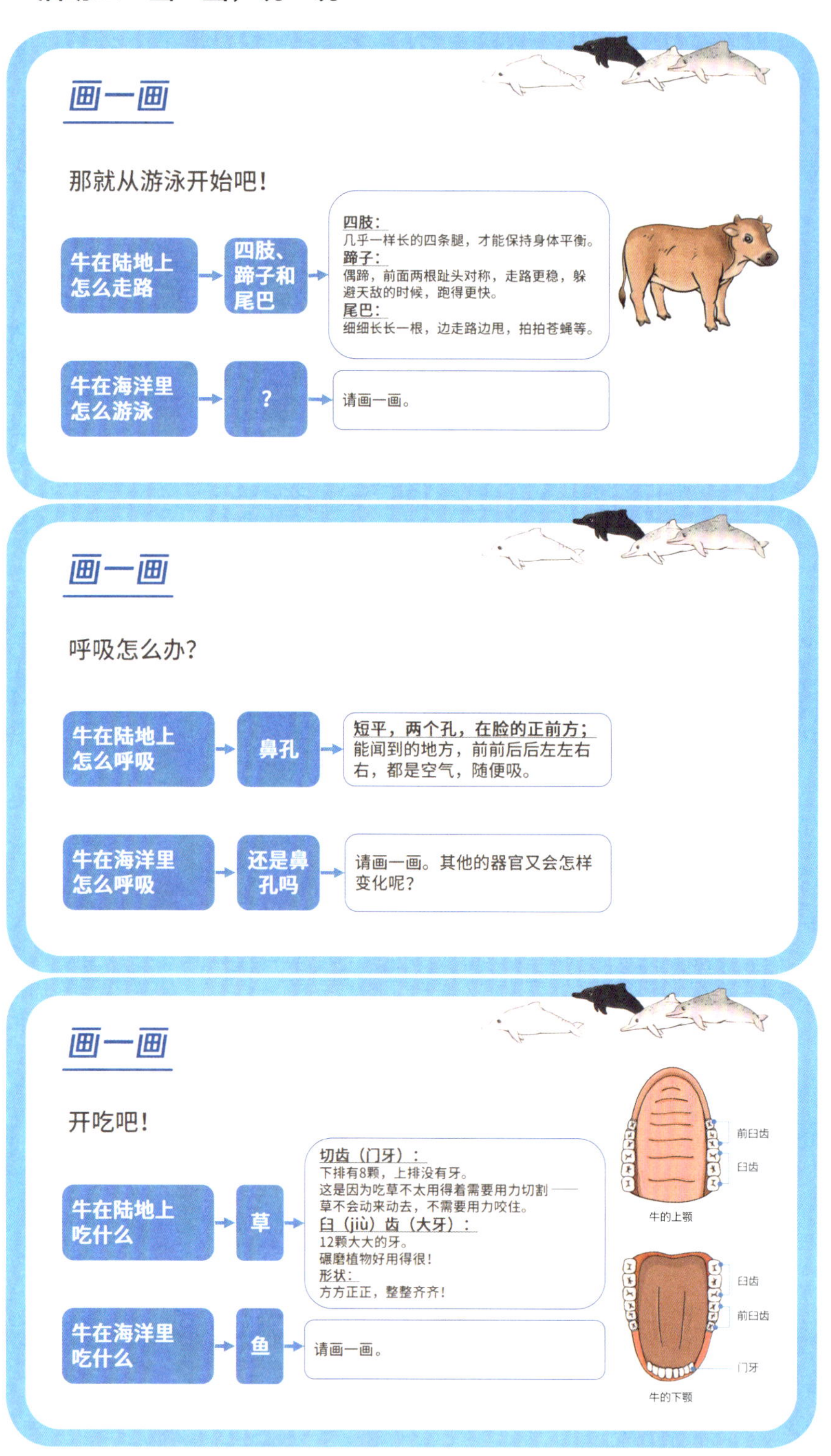
画一画
那就从游泳开始吧！
牛在陆地上怎么走路
四肢、蹄子和尾巴
四肢：
几乎一样长的四条腿，才能保持身体平衡。
蹄子：
偶蹄，前面两根趾头对称，走路更稳，躲避天敌的时候，跑得更快。
尾巴：
细细长长一根，边走路边甩，拍拍苍蝇等。
牛在海洋里怎么游泳
?
请画一画。
画一画
呼吸怎么办？
牛在陆地上怎么呼吸
鼻孔
短平，两个孔，在脸的正前方；
能闻到的地方，前前后后左左右右，都是空气，随便吸。
牛在海洋里怎么呼吸
还是鼻孔吗
请画一画。其他的器官又会怎样变化呢？
画一画
开吃吧！
牛在陆地上吃什么
草
切齿（门牙）：
下排有8颗，上排没有牙。
这是因为吃草不太用得着需要用力切割——草不会动来动去，不需要用力咬住。
臼（jiù）齿（大牙）：
12颗大大的牙。
碾磨植物好用得很！
形状：
方方正正，整整齐齐！
牛在海洋里吃什么
鱼
请画一画。
前臼齿
臼齿
牛的上颚
臼齿
前臼齿
门牙
牛的下颚

看一看大家画的这一只爱上游泳的牛，身体、四肢、五官的特征合在一起是什么样子吧！

请展示自己的这头爱上游泳的牛，并给大家解说。

活动三：看一看

中华白海豚听完参加者的想法和看完大家画的这头爱上游泳的牛，大笑道：你想成为的，不正是我吗？你们一起来看看我的特征是不是和大家想的一样吧！

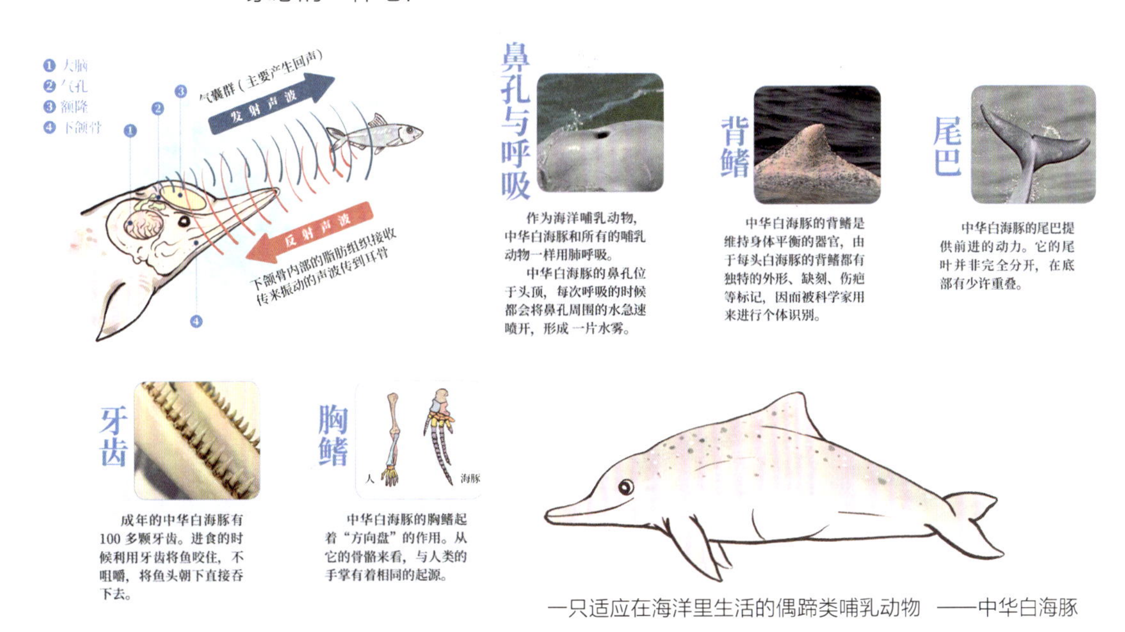

一只适应在海洋里生活的偶蹄类哺乳动物 ——中华白海豚

中华白海豚的祖先巴基斯坦鲸是陆地上的偶蹄类动物，大约生活在距今 5000 万年前。它们用了 100 万年的时间，走向了海洋，成为最早的陆行鲸，能够在海洋生活。大约 3000 万年前，它们的鼻孔到了头顶，和现在的鲸豚的鼻孔位置一样。

科学家推测，当时应该是陆地上食物匮乏，它们到海洋里去寻找食物，推动了演化的进程。

海洋哺乳动物就是陆地哺乳动物演化而来的，由于能够适应海洋环境，于是在海里定居了。

因此，牛到大海里生活，不是梦，只是时间问题。

生物只要继续繁殖，就会继续演化，亿万年以后，也许还会飞呢！

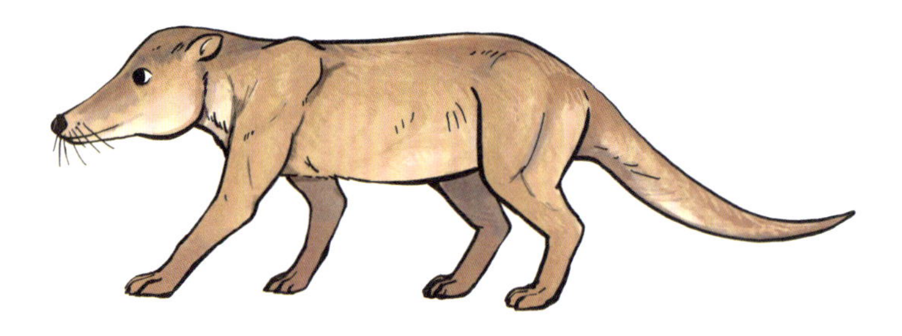

巴基斯坦鲸

环节三：海豚变变变

目　标

❶ 觉知到中华白海豚可能面临环境变化和生存挑战；

❷ 理解动物的演化特征与环境适应的关系；

❸ 对中华白海豚产生共情。

时　长

25 分钟。

地　点

室内。

教　具

PPT、白纸、笔。

流　程

●活动一：地球变变变

地球从约 47 亿年前诞生至今，样貌都和今天的地球一样吗?

地球变变变

阶段一：黑地球

地球形成之初，烧得通红后的玄武岩覆盖的黑色地球。

距今47亿～43亿年。

阶段二：蓝地球

水覆盖的蓝地球，开始出现生命。

距今44亿～43亿年。

阶段三：红地球

植物开始光合作用，产生了大量的氧气，于是地球像生了锈一样。

距今35亿～18亿年。

阶段四：白地球

氧气多，温室气体（二氧化碳等）少，地球上无法保存太阳辐射的热量，于是冰天雪地。

距今24亿~21亿年。

阶段五：绿地球

许多植物冻死，产生氧气的速度变慢，地下火山喷发，缓慢释放温室气体，地球逐渐回温。

距今5.6亿年至今。

活动二：未来变变变

那么，地球会继续变化吗？答案是肯定的。

请你们讨论一下，地球接下来可能会是什么颜色呢？为什么？讨论完分享给大家。

地球会怎么变化呢？从更长远来看，我们不知道。不过，在我们可以遇见的未来，可能会因为环境问题，给地球带来这样的变化。

请每个小组抽取 1 张“未来环境卡”，并讨论，如果中华白海豚未来生活在这样的环境下，身体需要有哪些变化才能存活下来呢。

活动三：海豚变变变

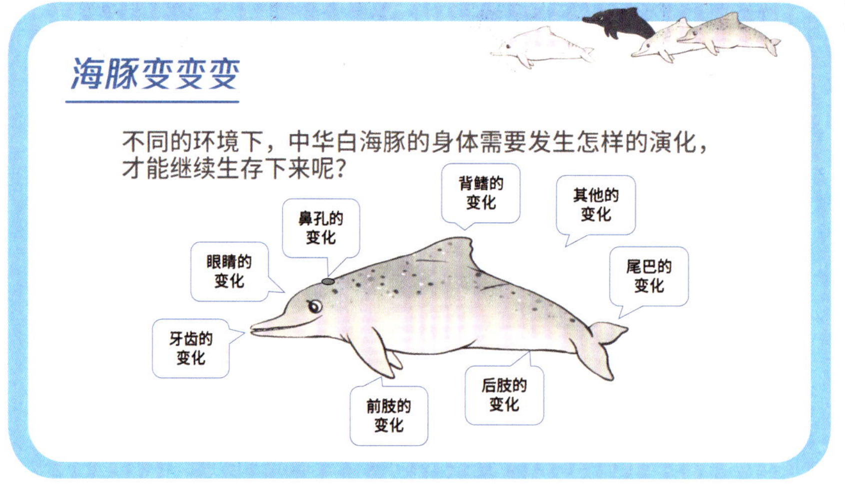

请大家分享自己组抽到的“未来环境卡”是怎样的事件，以及这一组的中华白海豚发生了怎样的演化才生存下来。

环节四：分享与总结

目标

❶ 觉知到中华白海豚可能面临环境变化和生存挑战；

❷ 理解动物的演化特征与环境适应的关系；

❸ 对中华白海豚产生共情；

❹ 支持中华白海豚的保护；

❺ 践行对中华白海豚有利的环境友好生活行为。

时长

10 分钟。

地点

室内。

教具

PPT。

流程

活动一：分享

请大家说一说：

未来的环境是你们所期待的吗？

中华白海豚如果不能够演化成功，可能会怎么样呢？

中华白海豚如果可以成功演化，需要多少时间呢？可能几千万年！照现在环境恶化的速度，有足够的时间留给它们演化吗？——答案大概率是不能。因此，保护，是现在必须要做的事情。

你们觉得做些什么事情，能让这颗地球的环境不会恶化，可以继续让中华白海豚以及人类继续生活呢？

活动二：总结

❶ 总结大家说到的可以践行的行为。

❷ 总结我们这节课的课程目标：

- 觉知到中华白海豚的存在；觉知到中华白海豚可能面临环境变化和生存挑战。
- 了解到中华白海豚不是鱼类，而是跟我们人类亲缘关系更近的哺乳动物；了解海洋哺乳动物与鱼类的区别；了解中华白海豚的身体特征；理解动物的演化特征与环境适应的关系。
- 对中华白海豚产生共情；支持中华白海豚的保护。
- 践行对中华白海豚有利的环境友好生活行为。

5 教学实践

课程开展情况

“探秘中华白海豚”系列课程，自 2021 年完成设计，在 2021 年 9 月 11 日、12 日组织开展了“探秘中华白海豚”科普课程线上培训，共有来自台山市赤溪镇中心小学、台山市赤溪镇有福学校、台山市广海镇南湾渔民子弟学校以及新会区崖门镇交贝石小学这四所小学的共计 20 余位老师（含校长）参加培训。

截至 2023 年 5 月，在这几所学校的 3~6 年级开展约 172 次课程，63 个班级约 2458 人次小学生参与。

引导员实践

珊瑚

志愿者，自然教育从业人员

第一次来到保护区周边的学校，带领设计的中华白海豚系列课程，印象最深的就是孩子们的热情和自由天性的释放。

虽然每个班级都只上了短短的一节课，但课后孩子们总会跑到身边拉着我们的手问，“引导员还会再来吗？”“什么时候再给我们上课呀？”……有东西落在课堂上，半个班的孩子们都跑出来找我们回去取东西。不舍的是孩子们，更有我们这些只上了几节课的引导员，心里总想着有机会要带他们多体验一些课，多给他们带来一些不一样的课堂形式。在一种轻松愉快的氛围里，让中华白海豚能游进每个孩子的心间，也让他们可以更加自信、大声地表达他们的想法。未来不管走到哪里，孩子们都可以自豪热情地为远方的朋友们介绍他们家乡的中华白海豚。

在这里，我们还看到了孩子们应该有的童真。交贝石小学里，只要是课间游戏时，海洋馆的地板上、操场的草地上，随处可以看到孩子们或自由奔跑，或躺在地板上打滚嬉戏——这才是孩子们应该有的童年。也许相对城市孩子们，他们的视野没那么开阔，但这份恣意玩耍、自由成长的童年却是城市孩子难有机会获得的。真心希望他们可以在这样轻松的氛围里，成长为独一无二、充满自信的自己。

同时，这次试课也让我们看到了“探秘中华白海豚”系列课程的意义。在保护区周边的乡村学校，孩子们接受到的总体来说还是相对传统的教学形式，融合了游戏、视频、绘画、分组讨论等多种形式的白海豚课程，可以更加激发孩子们的探索热情。印象最深的是一个班级的一个学习水平相对一般的小组，每次问答环节都会踊跃举手回答，虽然90% 的时间他们都愣在现场无法给出正确的答案，但看到他们挠头费尽心思思考的场景，相信教育已经在潜移默化地发生，因为借由兴趣的指引，他们已经开启了探索的脚步。

衷心希望“探秘中华白海豚”系列课程，未来可以成为江门地区具有地方特色的校本课程，成为每个走出江门的孩子介绍自己家乡的一张名片。

小树

自然教育从业人员，课程设计者

在设计这一系列课程之前，与中华白海豚的缘分，是听了潘文石爷爷的讲座。这位头发花白但是精神抖擞的老人，思路清晰，逻辑严谨地讲述他与中华白海豚的故事，我在台下听得津津有味且兴致勃勃，心里想着：这中华白海豚真是神秘有趣，比大熊猫和白头叶猴还让人挂念呀！有机会也想见一见。

后来，我分别前往香港、广西和广东观豚，边观察边了解后，越发觉得中华白海豚像极了我们粤港澳地区的渔民，吃在海上，住在海上，还有一系列有趣的哺乳动物习性，便迫不及待地想分享给更多的人。

也就是这个时候，我们受到保护区管理处的委托，给周边学校的孩子们设计一套课程。守护一座山，围起来就行了；但是守护一片海，是围不起来的，因为全世界的海洋都是联通的，这是海洋最奇妙的特征之一。因此，进社区，做社区保护和社区共管是非常重要的，每一位出海的人，都能直接影响中华白海豚。况且，在这里，要真的到自然里做自然教育，要去到海上做事情，机会也非常有限，因为这对安全和技能都有着极高的考验和要求。

于是，以学校教育的形式，开展自然教育，是当下最优的选择。

一开始，我们设计的课程是希望孩子们可以在校园里上课，后来考虑到学校老师的操作性，改到了室内，使用黑板和教具。

后来陆续收到了老师们的反馈，最大的呼声是：能不能配套给PPT？

我内心起初是拒绝的：现在的课程已经不是“在自然中”了，还要加上自然缺失症的“罪魁祸首”之一——电子产品？这大概是最离经叛道的自然教育课程了！但是，我也很快说服了自己：“在自然中”和“电子产品”都是工具，教育目标才是核心，能在教室里，用 PPT 让保护区社区的孩子们真的“看见”中华白海豚，达成教育的知识、态度和行动目标，实现人与自然的和谐共处，让孩子们在脑子里展开发展与保护的碰撞，那就是自然教育。

随后，是老师们提出来的第二个需求：知识，需要好多的知识。作为学校老师，对中华白海豚的知识了解不多，怎么办？能不能把知识点多一些罗列给我们？万一被孩子们问倒了怎么办？

其实在课程设计的内容里面，很多是探究性的，是发现问题，是讨论，是寻找规律，是科学假设。但是没有“标准答案”的教学，是困难的。

面对老师们的这个需求，我们做了坚持：没有那么多知识。好多问题，在编写教材的过程中，保护区的工作人员、自然资源部第三海洋研究所的研究人员和中山大学课题组的老师，都不知道答案。或者说，我们对中华白海豚的研究还太少了。科学家们也还在推测，还需要更多的验证。而提出科学假设，可能是目前对于中华白海豚研究阶段最需要的精神。

而习惯了相信权威的学校老师，只要没有足够的“我全都知道”的知识作为基础，面对学生时，多少有点发怵。不像是作为自然教育从业人员的“厚脸皮”的我，在自然里更习惯引导孩子们自己去观察自然、提出假设、再一起来验证或者查阅资料。

同时，我们编写了一本《守护中华白海豚》的手册作为配套教材，里面有大部分关于中华白海豚的知识，为老师和学生们提供查阅和参考的资料——但是这远远不够，更多的中华白海豚相关知识等待着被关注和研究。

最后，老师们提出第三个需求：授课对象。1~2 年级的孩子最有空，能不能也有内容可以上呢？ 3~6 年级的孩子认知有差异，能不能有不同的内容呢？

这是可以的。我们将原本的 10 节课程的主题，分别对应 1~6 年级设计了 40 节课，分别制作了配套 PPT，并将教具附在课件最后，把需要的知识点备注在课件上，让教师们能够用最低的时间成本备课，并且使 1~6 年级的孩子都可以有 10 节课的主题去上课。区别是，低年级的课程目标更多的是觉知和知识目标，中年级的课程目标增加了态度和行为的目标，高年级的课程目标则被给予了更多开放式的讨论和思辨，以及现在也没有答案的问题探究内容。毕竟，知道这个世界不是只有“对错”，是思维成熟的重要一步。

千百年来，民间流传着中华白海豚在海上救人和守护海洋的传说。现在，轮到人类来守护中华白海豚和海洋了。

参加者实践

冯抗抗

广东江门中华白海豚省级自然保护区管理处科技与资源管理科科员

在保护区工作了十余年，最大的感触就是当地人对中华白海豚的了解非常有限。除了渔民，其他人最多只是听说而已，对这种动物的样子、习性以及为什么要保护它们都知之甚少。因此，科普工作需要长期开展下去，而小学生则成了最好的科普对象，他们不仅自己能学到知识，也乐于接受这些知识，还能向自己的朋友、家人传播。为了更系统、更全面地讲授中华白海豚保护的相关知识，保护区与小树老师团队合作，编写了《探秘中华白海豚》这套教材，包括学生用书和教师用书，主要面向小学 3~6 年级的孩子。从内容上，课程并未拘泥于介绍中华白海豚本身的知识点，还包括了它们的生境、面临的威胁等；从形式上，课程区别于传统的“灌输式”教学，鼓励学生们思考、探索、讨论和分析。一共有 3 所学校使用了这套教材，每所学校根据自身的情况安排老师、学生参与其中，持续了 2 年时间（2021—2022 年）。期间听到最多的反馈就是没有 PPT，老师不知道怎么开口，学生们也似乎找不到焦点；其次就是专业知识不够，回答不了孩子们的问题，增加了备课的难度。于是，小树团队又在原教材的基础上对内容进行了拓展，也设计了相应的 PPT 供老师们使用，对愿意使用该教材的学校来说应该是一个好消息。

在 2 所学校进行了 11 节课的试讲后，老师和学生们的反应让我想了很多。回到最初的那个问题，需要学习中华白海豚相关知识的人又何止小学生？讲课的老师同样也要学习，并且必须更主动、更深入，自己学到十分，才能带给学生一分。其实，我们每个人都需要学习，都需要了解我们身边的“国宝”。希望这套教材（读本）能够被更多人看到、使用，为大家播下关爱海洋的种子，我们一起静待花开。

教师

崖门镇交贝石小学

关爱海洋，保护环境，从认识中华白海豚做起。

建设海洋强国要从娃娃抓起。怎样才能让学生们对海洋有更深刻的认识，将我校的海洋特色教育办出更大的成效，引发了学校的思考。学校与广东江门中华白海豚省级自然保护区管理处合作，以多种形式开启探索海洋奥秘之旅。

本学期开始，学校为3~6年级（共297名学生）每周开设一节海洋特色课，并用保护区提供的“探秘中华白海豚”教材作为我校的校本教材。教师们根据学生年龄特点，采取丰富多彩的“看、听、说、做”相结合的方式，带领学生学习中华白海豚的知识，指导学生利用贝壳等制作美丽且富有创意的手工画，开展海洋生物涂鸦创作等，在动手实践的过程中，让学生了解海洋中形态各异的生物，体会海洋的丰富多彩。

学校还特邀保护区的专业老师到学校亲自授课，用有趣的话语介绍中华白海豚，激发学生的好奇心，让学生在轻松的环境下学习到有关中华白海豚的科普知识，包括生物特点、生活习性、生存的自然环境，同时让学生们明白为什么要保护中华白海豚，又如何保护中华白海豚。

本学期学校还组织学生到台山保护区开展实践活动，让学生亲眼看到中华白海豚的各种标本，通过保护区工作人员的细致讲解，向学生更进一步科普了中华白海豚的更多知识，树立强烈的关爱海洋生物，保护海洋的意识。

本学期的海洋特色教育活动，真正做到了实践与课程相结合。学生通过学习中华白海豚等知识，了解海洋文化，提高了保护海洋环境的意识。学校希望能将保护中华白海豚和保护海洋的意识辐射给更多人，让全社会一起参与到保护行动当中。

6 课程评估

评估形式

教学过程评估

在教学过程中，会通过参加者反馈、随堂问题评估教学目标。所有的教学环节，都会有讨论和问答的形式，在交互中进行。

教学后反馈评估

在学校授课时，会有随堂听课的引导员。我们把调查问卷发放给听课引导员，通过他们的反馈评估课程效果。目前回收 20 份有效问卷。

问卷内容

问题一：“您对授课满意吗？”请您给予 1~10 分评价。

问题二：“如果请您授课，您有信心吗？”

问题三：“关于课程内容，您觉得最好的部分是哪些？”

问题四：“对于课程，您觉得还有什么可以改进的地方吗？”

评估结果

教学过程中，我们发现，3~6 年级的参加者均可以较好地接受和理解环节“海豚不是鱼”“一头爱上游泳的牛”；而 5~6 年级的参加者能够更好地完成“一头爱上游泳的牛”中需要设计的环节。

环节“海豚变变变”需要更多的联想和逻辑思考。执行中发现，高年级的参加者能够较好地完成讨论任务，低年级的参加者则不能很好地完成。

评估认为，对于高年级的参加者，效果较好；对于中年级的参加者，部分教学目标未能较好达成。我们需要针对不同年级的参加者教授不同的内容，以便他们理解中华白海豚是哺乳动物并支持对它们保护。

对授课后引导员的反馈有以下内容和分析。

问题一

针对“您对授课满意吗？”问题设置 1~10 分评价。

约 65% 的引导员给予 10 分的评价，表示很满意；25% 的引导员给予 9 分的评价；5% 的引导员分别给予 8 分和 7 分的评价。

达成目标分析

在课程设计中，最后一页 PPT 都会总结这节课的教育目标，也提示引导员可以评估自己的教学是否完成目标。从反馈看，大部分引导员都对课程满意或较满意。

问题二

针对“如果请您授课，您有信心吗？”问题设置“信心程度”5 个等级的评价。

其中 45% 引导员表示“很有信心”；40% 引导员表示“较有信心”；15% 引导员表示“一般有信心”；没有引导员选择“较无信心”和“无信心”。

达成目标分析

由于未来希望课程可以交给学校引导员授课，而不是保护区的工作人员去执行，这样可以更广泛地触达受众，因此，在设计的时候，在引导、讨论、知识点上，都做了很周全的考虑，让引导员在听课后觉得“容易上手”也是我们的重要目标。

从反馈看，该目标基本达成。95% 的引导员都表示较有信心或很有信心授课。

问题三

针对“关于课程内容，您觉得最好的部分是哪些？”收到了以下的回复。

“有趣，能吸引参加者去学习！”“用游戏的形式吸引参加者去听课，让参加者对中华白海豚的保护意识更加深刻。”“讲得很细，能让参加者充分了解中华白海豚。”“课件做得好。”“通过课堂内容让我们清楚地知道中华白海豚在不同的成长阶段身体的颜色变化。”“老师的讲授生动、有趣，能充分调动参加者的学习兴趣！”“收获很多。”“知识点丰富，了解课程。”“设置的游戏环节最好，小孩子都是喜欢游戏的，能寓教于乐，从游戏中轻松获取知识。”“海洋内容丰富。”“游戏设计有巧思，帮助孩子理解中华白海豚的生活习性。”“活动形式多样。”“生动的 PPT，图文并茂，生动易懂。”“参加者互动做得好。”“活动比较轻松活跃，参加者喜欢，以后在我的课上参加者也可以适当放松。”“设计环节循序渐进。”“让参加者画一画，看一看，说一说的环节比较好，让参加者有动手动口、小组合作交流的机会。”“体系完整，节奏恰当，内容生动，对我们平时课程也是启发。”

达成目标分析

从反馈描述看，觉知目标、知识目标和态度目标都得到体现，教学形式也得到认可。

问题四

针对“对于课程，您觉得还有什么可以改进的地方吗?”在 20 人次中，收到了 7 人具体回复，其他回复为“无”。以下为具体回复。

“多邀请专业人士来讲座。”“可适当增加视频，直观感受更容易让参加者理解。”“低年级课堂纪律。”“如果能补充一些活动扩展提示及测试练习则更完美。”“课件可以丰富一些，多插入一些图片和视频，参加者会更感兴趣。”“PPT 设计还欠动画性。”“提供相关小视频更好，更能激发参加者的学习兴趣。”

达成目标分析

从反馈描述看，一半以上引导员认为目前的授课无需改进。其他的改进意见体现在：需要丰富多媒体素材，以更生动地展示；增加后测；需要专业的科普知识。多媒体素材会在未来有新内容时，及时提供和给予引导员，如在保护区拍摄的白海豚视频等；对于增加后测以评估教学成效，在经过讨论后，认为不是该系列校本课程的目标，因此还是坚持课程内观察评估教学；对于专业的科普知识需求以开展全年级形式的科普主题讲座作为补充，在经过讨论后，亦认为不是本课程的教学目标。

7 延展阅读

推荐阅读书目及文献

- 《白海豚的神秘来信 中华白海豚科普故事》，彭耐等，中国林业出版社，2023

8 课程机构

广东江门中华白海豚省级自然保护区

广东江门中华白海豚省级自然保护区位于江门市下辖的台山市赤溪镇大襟岛及附近海域，是江门市首个和唯一的水生野生动物生态系统类型的省级自然保护区，成立于 2003 年（市级），2007 年晋升为省级自然保护区。2008 年 7 月，经省委机构编制委员会办公室批准，成立江门中华白海豚省级自然保护区管理处；2012 年 2 月，更名为广东江门中华白海豚省级自然保护区管理处，为副处级公益一类事业单位，由广东省林业局、江门市自然资源局共管，具体负责保护区的管护工作。

保护区管理处充分发挥自身科普资源优势，针对不同群体开展多样化科普宣教活动，提高受众保护中华白海豚及海洋生物多样性的意识。保护区管理处科普宣教馆免费对外开放，积极推动科普宣教服务普惠共享，并加强与高等院校、中小学校的联动，采取“请进来、走出去”相结合的方式，不断丰富馆校科普宣教内容。2021 年，保护区管理处被认定为江门市科普教育基地、江门台山市少先队校外实践教育营地（基地）。

9 引导员笔记

08 动物园奇妙夜

夜幕降临，动物园里许多动物也歇息了，它们展现出各种有趣的睡姿和休憩方式：有的找到一个舒适的地方躺下；有的选择高处的树枝作为休憩之地；有的依偎在树干上闭上眼睛享受宁静；又有的选择岩石作为休息点，慢慢进入梦乡，恢复体力……

在夜晚，动物园是一个充满神秘的场所，也是我们可以亲近自然的场所。在这里，我们可以近距离观察到动物们独特的睡姿和休憩方式。它们的姿态展现出它们在黑暗中的平静与和谐，让我们感受到大自然的神奇和美妙。

让我们用宁静的步伐穿梭于夜晚的动物园，尊重和欣赏这些休息的动物们。在这个夜晚的世界中，让我们与它们共同沉浸在宁静与安详的氛围中，感受与自然的深度连接。

让我们跟随引导员的脚步，参观动物园园区饲养的明星动物，欣赏它们的矫健身姿，听它们的有趣故事，学习它们的生活习性和生存状态方面的知识，了解动物园在动物保育方面的背后故事。

走在熟悉的道路上，我们会一路偶遇那些“下班散步”的动物明星：水獭、眼镜蛇、火烈鸟、小熊猫……沿路也有许多其他夜行性小动物，能领略到许多白天难得一见的有趣现象！蛇是一种让人们既害怕又好奇的生物，在盘龙苑里，我们会学习各种蛇类知识，揭开它们不为人知的神秘面纱。

沿路走着，我们还能见到游走在高处的壁虎，夜晚入睡的小鸟，看似玛瑙的非洲大蜗牛，还有那些不作声的蜘蛛，在黑夜笼罩下忙碌着布下天罗地网，碰上好运气就能饱餐一顿……这些看似普通的生物，竟然都有一个个精彩绝伦的自然故事，既科学又有趣！

1 教学背景

背景一：神秘又奇妙的动物园之夜

动物园是连接人与自然、人与动物最好的桥梁和纽带，肩负着动物保护与科普教育的重要责任。白天的动物园热闹非凡，夜晚的动物园则由于不对外开放安静了许多，神秘气氛拉满：参加者和引导员一起打开手电筒、拨开树叶、翻开石头，夜观昆虫家族、探秘爬行世界、造访夜行动物，探秘夜幕下的动物王国，观察野生的小动物和圈养状态下动物的夜间行为，以不一样的视角认识动物们奇特的夜晚状态，聆听专业引导员传授夜间观察的知识，通过讲解和观察，了解各种动物习性，感受神奇而又独特的动物园奇妙夜。

2 教学信息

设计者	广州动物园 许建琳、莫嘉琪、陈足金、黄志宏、胡明毅、何平莉、余晶、逯俊芳、张感恩、黎绘宏、梁炜
课程目标	觉知目标： • 通过五感觉察动物园动物夜晚的状态；觉察动物园夜晚的生物多样性。 知识目标： • 了解动物园里动物的习性和有趣故事。 态度目标： • 对动物产生兴趣，关爱和尊重它们。 技能目标： • 练习沟通和协作技能，以及加强亲子互动。 行动目标： • 观察动物，与它们互动时遵守对小动物影响最小的原则。
对象	孩子为 7 周岁以上的亲子家庭，或者成年人独立组团（15 组 30 人比较理想）。
场地	广州动物园。
时长	150 分钟（每年 5~11 月）。

3 教学框架

环节名称		环节概要	时长
环节一	签到	课程签到，发放夜观课程手册。	15 分钟
环节二	开场	课程开场，引导员讲解夜观注意事项、安全要求。	20 分钟
环节三	探寻东亚蝠翼	夜幕降临，通过蝙蝠探测仪找寻会发超声波的东亚蝠翼。	10 分钟
环节四	夜观	引导员带领夜观，讲解小动物的故事。	90 分钟
环节五	总结	回顾看到多少动物，引导未来多关注。	15 分钟

4 教学流程

环节一：签到

目　标　课前准备。

时　长　15 分钟。

地　点　园区门口。

教　具　签到表、笔、夜观课程手册。

流　程

❶ 等待参加者到达，安排他们在签到表上签到并领取夜观课程手册；

❷ 请参加者提前上好厕所（活动过程中不方便找厕所）。

环节二：开场

目　标	夜观前准备。
时　长	20 分钟。
地　点	园区进门开阔处。
教　具	无。
流　程	❶ 带队引导员介绍自己以及其他引导员和助教，介绍动物园大概情况（参考本课程“课程机构”）； ❷ 引导员讲解夜观注意事项、安全要求； ❸ 分组出发。

引导及解说内容

由于动物园夜间不对外开放，夜间在园区无任何灯光。人员声音或者手电灯光等对园区的动物或多或少有一定的惊扰，因此，我们要注意课程纪律，低声细语，保持安静，遵守带队引导员的安排，既保证自己的安全，也尽量减少对动物的影响。跟好带队引导员才能有更多收获哦！

请大家报数，单数和双数分别成一队，每个队配 3~4 名引导员和助教。另外，请 1 位引导员提前出发，走在前面，一方面排查路上风险，另一方面提前发现夜观亮点，如能看到什么动物，告诉后面的引导员，这样后面的引导员好进行带队安排。

其他内容参考下面的安全信息卡。

—— 安　全　信　息　卡 ——

● 夜间活动每次带队工作人员配备不少于 5 名，其中 1 人走在团队前方 5 米以上距离，负责排查和清除可能存在的安全隐患；活动前也应该多次沟通、踩点，调整线路，尽量避开容易受惊扰动物的片区，尽量避开对人有安全隐患的地方。

● 夜间的活动如为亲子形式时，要求家长陪同，负安全监护责任。

● 每人均配备手电筒或其他照明设备（按活动组织方案，由参加者自备或活动主办方提供）。

- 提早向活动参加人员告知着装、用品等方面的具体要求，如穿长裤、运动鞋和做好防蚊、防雨等措施。
- 配备应急用电瓶车（由安保值班人员负责）。
- 配备常用的应急药物，包括治疗外伤、毒蛇咬伤、蚊虫叮咬等的药物和临时处理的药品。
- 所有带队工作人员须经过应对外伤、毒蛇咬伤、蚊虫叮咬等意外情况的应急处理培训。
- 每次夜间活动前有专门的安全教育环节，要求所有参加人员遵循活动纪律；每组活动不少于 2 名工作人员带队，其中至少 1 人负责纪律管理。
- 如果发生较严重的摔伤事故，第一时间拨打 120，进行结扎止血、消毒伤口等应急处置，并联系夜间值班保安（值班电话：38376853）派车到公园门口引导救护车到现场，同时向公园应急领导小组负责人汇报。
- 如果发生毒蛇咬伤事故，立即拨打 120，并进行结扎、冲洗等应急处理，之后联系送到广州有相应蛇毒血清的定点医院（广州中医药大学、广州医学院第一附属医院）进行救治。
- 遇到恶劣天气时，根据气象局发布的气象信息，采取延期或取消活动措施。
- 其他事故，根据现场情况，依据动物园相关安全应急制度进行处置。

环节三：探寻东亚蝠翼

目　标	通过五感觉察动物园动物夜晚的状态；觉察动物园夜晚的生物多样性。
时　长	10 分钟。
地　点	园区门口。
教　具	蝙蝠探测仪。
流　程	趁着即将天黑，蝙蝠最活跃的时候，使用蝙蝠探测仪，探测正在飞行的蝙蝠的超声波。 如果天快黑了，还没开始第二环节的开场，也可以让本环节先进行，探测蝙蝠结束后再开场。

超声波接收仪

- 我们人类耳朵能听到的声波频率为 20~20000 赫兹。当声波的振动频率大于 20000 赫兹或小于 20 赫兹时，我们便听不见了。因此，我们把频率高于 20000 赫兹的声波称为“超声波”。

- 利用超声波接收器接受蝙蝠的声纳，并转化为电信号，根据电信号的不同判断蝙蝠的种类。

环节四：夜观

目　标	❶ 通过五感觉察动物园动物夜晚的状态；觉察动物园夜晚的生物多样性； ❷ 了解动物园里动物的习性和有趣故事； ❸ 对动物产生兴趣，关爱和尊重它们； ❹ 练习沟通和协作技能，加强亲子互动； ❺ 观察动物，与它们互动时遵守对小动物影响最小的原则。
时　长	90 分钟。
地　点	见路线图。
教　具	激光笔、小手电、夜观课程手册。
流　程	沿着夜观路线图，根据沿途看到的动物进行解说，包括知识讲解，引导参加者对动物持尊重态度，协助亲子之间或者团队成员之间互助，同时引导参加者在夜观过程中与动物保持适当距离，不伤害、少干扰它们等。

广州动物园夜观路线图

引导及解说内容

●浣熊：野外夜行性动物，白天很少活动，在动物园昼夜均活动

很多游客会把它们和小熊猫搞混，趁此机会我们一起来看看浣熊与小熊猫的区别，从毛发颜色、体形、四肢和尾巴来进行分辨。

浣熊

其实，最快速简单分辨浣熊和小熊猫的方法是观察它们的眼睛和尾巴——偷偷告诉大家，浣熊认识彼此的方法也是依靠眼睛和尾巴的纹路——浣熊尾巴有 5 环，小熊猫有 9 环。

浣熊最大的特征就是眼睛周围有一圈黑色的皮毛，这圈黑色的毛让浣熊看起来像戴着墨镜一样。大家有所不知，浣熊是夜行性动物，它们晚上视力很好，但白天视力就会降低，这副墨镜（也就是黑色的眼圈）就在这时候发挥作用——它可以减少炫光，提升夜视功能，让它们在夜晚能更好地觅食。不过，刚出生的小浣熊是不“戴墨镜”的，可能是生活在洞穴里，阳光不强烈的缘故吧。

小熊猫（左）与浣熊（右）对比

刚刚提到浣熊白天视力较其他动物而言不算很好，因此它们白天觅食时需要依靠另两种感觉器官。你们猜是什么？一个是嗅觉，另一个，没错，是触觉。浣熊有 5 根能媲美人类手指

灵活性的手指，而且每根手指都有锋利的长指甲，它们能旋转后爪朝两个方向攀爬——别看它们很笨重，其实是个攀爬高手。

浣熊的爪子非常灵敏，在水里则会变得更加敏感，因此在进食时，有条件的情况下它们喜欢把爪子和食物一起放在水里搓搓，去掉不能吃的部分（果皮）。就算周围没有水源，浣熊有时也会抱着食物“干搓”。大家猜一下为什么浣熊总是喜欢将食物洗一洗再吃？其实这并不是因为它们爱干净，而是它们感知食物的一种方式。

环尾狐猴

环尾狐猴：晚上在树上睡觉的猴子

环尾狐猴是猴吗？为什么跟中国的猴子长得不一样？

环尾狐猴是生活在马达加斯加岛上的生物，它们跟我们一般认识的猴子长得有点不同，有人说像狐狸，有的说像树熊，但其实它们也是灵长类，属于原猴类，注意不是人猿的猿，是原来如此的原。

环尾狐猴还有一个比较有趣的地方，就是它们的种群还保持母系社会的习性，以一只最有战斗力的雌性作为领袖。领袖有绝对的权威地位，可以优先吃饭，优先交配，还有小跟班帮忙按摩、整理毛发，而相应地，领袖也要负起保护种群领地的责任，以及如果有别的种群入侵，需要代表种群进行决斗。在环尾狐猴的家族里，等级制度非常严格，雌性首领的地位最高，其次是哺育期的雌性，再其次是年长或者年幼的雌性，排在最后的是雄性。走路时雄性走最后，吃饭时雌性最后吃——可谓是全方位的“女士优先”。

环尾狐猴是怎么斗争的呢？

环尾狐猴有一门武器，就是臭味。它们在腋窝以及肛门附近有臭腺，可以分泌出独特的臭味；分泌出臭气之后，用大尾巴扇动一下，气味就传出来了，臭不可闻，可以用来把它们的天敌熏跑，也可以用来划分领地。

环尾狐猴的家跟黑猩猩和长臂猿的家有什么不同？

环尾狐猴生活的地方是非洲，相较黑猩猩和长臂猿，更多时间是生活在地上的，这是因为它们的栖息地树木不算多，而且有些树不合适它们攀爬。它们虽然在原生地是地栖，不过在我们这里晚上会上树睡觉，因为这些树木适合攀爬且令它们有安全感。由于它们本来多在地面活动，我们给它们布置的“家”，相对而言垂直高度就没有这么高了，中间还有让它们藏身的地方。环尾狐猴每天早上还有一个“仪式”，就是摊开肚皮晒太阳。这是因为在非洲它们生活的地方昼夜温差很大，晚上很冷，所以早上太阳出来的时候，它们要迅速让身体暖起来。因此，它们每天都会晒太阳。它们有一个称号叫“太阳崇拜者”。

在白天，我们几乎看不见在高高树上的它们，它们都在地面阴凉处。

长臂猿

长臂猿：晚上和人类一样需要休息

我们可以偷偷观察长臂猿抱团睡觉，注意不能用手电筒直射动物。长臂猿是森林歌唱家，它们自由恋爱且对伴侣忠诚，以家庭群为单位。

小熊猫

小熊猫：原本夜行，但在动物园已经适应了，白天晚上都会休息

小熊猫不是大熊猫的宝宝哦！

它们的背毛为棕红色短毛，腹黑；尾巴上镶着 9 个黄白相间的环节，所以又有人称它们为“红熊猫”或者“九节狼”。它们是食肉目，但和大熊猫一样爱吃植物的根、茎、竹笋、嫩叶和果实，且像人类一样，吃饭的时候是用前爪子抓着食物进食。其实更早的时候也许这个伪拇指是用于适应树栖的。

在炎热时节，它们白天睡觉，晚上活动较多，多于树上摘果子、巡视领地、标记地盘、抓“野味”吃，夜视能力强，十分活泼。作为“腹黑小王子”的它们在夜晚更黑了！

它们当中，雄性之间由于争风吃醋而较量是家常便饭。它们其实是一种“猛兽”，犬齿可咬穿水鞋，发情期雄性特爱打架争抢雌性。

蝙蝠

蝙蝠：被人们误解的可爱小兽

东亚蝠翼在台湾省又被称为“小家蝠”。它们视力不好，发超声波，傍晚时分就开始出没，通过回声定位捕食蚊及飞蛾等细昆虫为主。

有奇特“自建房”的黑色的“小狗”——果蝠，由于样子长得像黑色的小狗，又被称为“犬蝠”。它们在夜晚视力好，不发超声波，主要食果实，利用蒲葵叶作为居所，它会将块叶整到成个帐篷的样子，叶面向下堕。

便便问题如何解决？倒挂不就浇湿一头？不必担心，它们会“仰卧起坐”呢。如此小巧可爱的蝙蝠是不是与大家印象中的“吸血怪物”相去甚远呢？

河马

河马：夜行的神秘杀手

夜晚的河马池格外静谧，有时候甚至能听见河马的呼气声。

在河马的“祖籍”非洲，河马因为视力不好，为了保护自己不被“不明生物”威胁，它们会采取攻击行为而导致人类受伤，因此也是一名平时躲在水中的神秘杀手。

白犀牛

白犀牛：大型打鼾小怪兽

晚上动物园的犀牛们都在干啥？

它们在躺着呼呼大睡，而且有时候路过还能清晰听见“嵩山”和“衡山”两大活宝酣睡的“哧溜溜”打鼾声。

火烈鸟

火烈鸟：“金鸡独立”地睡觉

火烈鸟在睡觉的时候，会单脚站立。这是因为鸟类可以在没有肌肉能量的情况下保持站立或抓握的姿势。收起一只脚，藏在羽毛里，又可以减少散热和保暖。它们最怕声响与光照，吵醒它们免不了挨一顿骂声，忍受喋喋不休。

长颈鹿

长颈鹿：用爱发电的“鹿”由器

虽然长颈鹿 24 小时不间断取食，但在夜幕下更容易看见它们安稳地坐着。

它们在野外也会坐着睡觉吗?

不会。因为野外面临的危险更多，坐着反应时间更长，不利于逃跑，所以它们在野外仅有极少时间是坐着的。

在我们动物园，它们觉得十分安全才会坐着，而且一般只有小长颈鹿会，成年的很少坐着。且一般小长颈鹿坐着的时候旁边都会有成年的家长“看”着，温暖贴心。

长颈鹿的角形状十分奇特，就像电线杆一样，所以我们常打趣说它们是“鹿”由器。成年雄性长颈鹿一般有七个角——除头顶明显的一对角外，另两对角分别在耳朵和眼后方，第七个角则在额头正中间的位置。看来它们应该会永远在线，不用担心网络卡顿了!

大象

大象：四下无人，正合适水里放飞自我，纵享狂欢

它全身潜入水中，只留下一根鼻子在水面帮助呼吸。四下无人，翻动扑腾的水声，拿着红外设备（无灯光干扰）观察这场视听结合的动物自然行为大赏，的确是很震撼的感受。至于看不看得见，全看动物们的“表现欲”啦。

斑马

斑马：站岗的“哨兵”

入夜后的斑马展区，星光点点，原来是流萤照亮了它们黑白相间的外衣。在静谧的展区，你会发现每当你靠近的时候就会有一种奇特的喷气呼吸声。通过流萤星星点点微弱的光，你会发现原来是斑马“哨兵”正盯着你的一举一动，必要时给予“喷鼻气”警告：“你们不要过来啊，否则我就不客气啦！”

睡姿情报站

睡姿情报站

环节五：总结

目　标	❶ 通过五感觉察动物园动物夜晚的状态；觉察动物园夜晚的生物多样性； ❷ 了解动物园里动物的习性和有趣故事； ❸ 对动物产生兴趣，关爱和尊重它们。
时　长	15 分钟。
地　点	园区门口。
教　具	无。
流　程	❶ 请参加者围成一圈，一起回顾本次课程中看到的动物种类，引导大家进行分享； ❷ 如果夜观过程中没找到手册上有的动物，告诉大家这是正常的，有些动物很害羞； ❸ 最后，引导大家平时多关注身边小区的夜晚，也可能看得到很多精彩有趣的“黑夜精灵”。

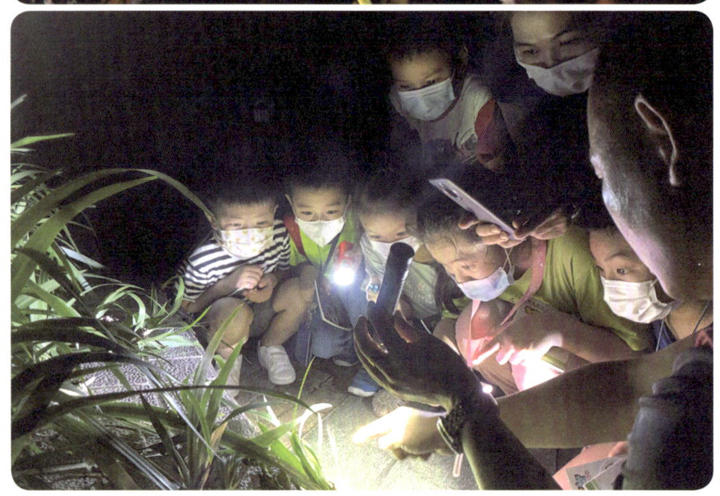

“动物园奇妙夜”活动现场

5 教学实践

课程开展情况

广州动物园非常重视夜间自然观察活动的开展，活动以 2017 年 5 月为首期，已经持续做了 6 年时间，开展超过 100 场次。在首期活动前，广州动物园科普教育部全体科普引导员与合作开展课程的野外自然引导员就活动路线的设计、课程内容的安排多次进行会商以及实地线路考察。为了增加课程趣味性，除了每次课程结束后的常规性复盘外，每年 5 月份课程重启前，引导员也会重新评估新一年的园区情况，如动物参观线路的变换、课程路线的调整等，让受众家庭以最好、最难忘的感受参加课程，如在 2020 年增加科普廊“生命的地图”标本馆的环节，在 2021 年加入“自然教育径”路线，让动物课堂夜观课程粉丝持续性保持新鲜度。

2022 年 6 月 18 日“父亲节专场”
第 93 场夜观

“动物园奇妙夜”利用夜视仪
观察夜间的动物朋友

“动物园奇妙夜”课程手册

“动物园奇妙夜”寻找蝙蝠之旅

“动物园奇妙夜”听蝙蝠仪

第 83 期“动物园奇妙夜”

引导员实践

何平莉

广州动物园科普教育部科普导师

夜幕降临，华灯初上，动物园笼罩在一片黑暗之中。晚上在不开放的园区里，可以领略动物们不同的面貌。晚上的动物园没有游客的欢声笑语，但并不是一片寂静。走在没有路灯的道路上，你可以听见昆虫们的“大合唱”，可以看见树上成双成对歇息的鸟儿，可以看见忙碌的爬虫为饱餐一顿而奔走，可以感受蝙蝠从头顶飞过所带来的一刹惊喜。通过夜观动物园的活动，引导孩子去认识夜晚奇妙的动物世界，克服未知的恐惧，学会观察身边的花、草、树木，打开五感激发孩子们的探索力，让他们知道这个“被忽视的世界”原来藏有如此多有趣的生命。

梁炜

广州动物园科普教育部科普导师

夜观本来就是个很吸引人的活动，加上是在动物园夜观，那就更加吸引人了。因为我们都习惯在白天进动物园游园和观察动物，要是晚上来动物园夜观，那就是一场充满神秘感的探索之旅。对于一些晚上才活跃的爬虫、夜行性动物，夜晚才是它们的舞台，而我们就像是访客，通过一场静悄悄的探访，了解和探索它们的生活方式。每当在夜光中发现用心藏匿的小动物时，悄悄观察、跟老师们和小朋友们分享后都能感受到一丝满足，然后就是期待着下一个发现。这都是探险之旅中精彩、莫测的部分，因为谁也不知道在某个夜晚能发现什么新鲜罕见的、有趣的事情，所以可以永远抱着期待去进行活动。

逯俊芳

广州动物园科普教育部科普导师

大自然是一本教科书，也是最有趣的老师，而孩子要在大自然中感受到这种联系，就必须先将自己置身在大自然里。从小就听生物老师说：“大自然的每一种生物都很神奇，很美妙。”而我，对动物恐惧，哪怕是一只小小的蟑螂，也会将我吓得大叫一声。现在做了母亲，很多时候，会带着孩子去公园，在公园里看到草地上各种各样的昆虫，因为害怕，我会直接忽略，而当孩子兴高采烈地抓着不知从哪里捡来的小虫子放到自己手心里的时候，我更是下意识地将其扔掉，然后很害怕地大声叫出来。自从接触到“夜观”这个活动，自己似乎变得勇敢了一点，最起码可以直视那些小虫子，虽然还是不敢用手触碰，但慢慢地觉得这些微观世界里的小生灵有点儿美丽了，也会经常带着孩子利用晚上散步的时间去公园里，在草丛里或者树上寻找那些夜晚出来的“小精灵”，去锻炼孩子的观察能力和专注力。生活在喧嚣的大城市里，有时在路边的树上看到一只不知道名字的鸟，很多时候都想停留下来去观察，但是因为要上班、上学，无法回眸多看；而在夜晚，公园里虫鸣蛙叫，人类活动大大减少，我们通过用耳朵听，用眼睛看，鼻子闻，用手触摸，去观察这地球上离我们最近且数目最为庞大的动物邻居，不论是大人还是孩子，时间久了，真的可以体会到其中的乐趣。

参加者实践

参加者	反馈与评价	活动场次
Rosemary	这就是萤火虫！小时候就看到在瓶子里发光，但是不知长这样！	2017 年 6 月 4 日场
森林里的一棵树	亚里士多德说过：大自然的每个领悟都是美妙绝伦的。今晚的夜观活动让我从此爱上自然，感受大自然的美妙！特别感谢各位大小朋友的陪伴！	2019 年 7 月 30 日场
月儿	活动很棒，赞！ 感谢各位老师的精彩讲解！期待下次的活动！	2020 年 9 月 3 日场
GOD	优秀！好棒！	2021 年 9 月 24 日场
鱼 MeiMei	强烈要求开办成人动物园夜观团！老师们请考虑一下！	2022 年 10 月 6 日场

6 课程评估

评估形式

通过活动过程中观察，课后与家长、参加者、引导员的非正式交流中了解大致反馈。

评估结果

“动物园奇妙夜”活动一直是广州动物园“动物课堂”王牌项目，每次招募发出后，活动名额都被“秒杀”。参加过“动物园奇妙夜”的受众，对其他课程的兴趣度明显提高，对身边的环境中出现物种的兴趣度也明显增加，并且愿意分享给身边的同学和成人。家长自身在参与的过程中也乐在其中，并且愿意分享给身边的朋友、家庭。学校的科学老师则表示，“动物园奇妙夜”活动是对教学很好的补充，从室内课堂以外的角度扩充了孩子们“发现自然”的视野。

7 延展阅读

推荐阅读书目及文献

- 《都市昆虫记》，李钟旻，商务印书馆，2019
- 《常见昆虫野外识别手册》，张巍巍，重庆大学出版社，2007
- 《昆虫 Q&A》，朱耀沂等，商务印书馆，2015
- 《动物是如何生活的》，克里斯蒂安·多里翁，未来出版社，2019
- 《中国第一套儿童情景百科：动物园》，克里斯蒂安·杰里梅斯，湖北少年儿童出版社，2013
- 《逛动物园是件正经事》，花蚀，商务印书馆，2020

8 课程机构

广州动物园

广州动物园于 1958 年建成开放，占地面积约 42 公顷，是全国十佳动物园，国家 4A 级旅游景区，与北京动物园、上海动物园并称为全国三大城市动物园。

经过 60 多年的发展，广州动物园已成为一个以动物展示和科普教育为主，集娱乐休闲于一体的综合性游览场所。目前，园内饲养和展出国内外 400 多种近 5000 头（只）动物，是国内展览动物种类和数量最多的城市动物园之一。广州动物园也是野生动物迁地保护的重要场所，开园以来已成功繁殖野生动物过百种，每年成功繁殖各种哺乳类、鸟类、两栖爬行类动物达 200 多头（只）。

丰富的科普资源和庞大的科普受众群也使广州动物园成为市内最具特色和地位重要的科普教育基地，拥有“全国野生动物保护科普教育基地”“广东省青少年科技教育基地”“广东省科普教育基地”“广东省科技旅游基地”和“广州市科学技术普及基地”等多项科普基地授牌，曾获“最受市民欢迎的科普基地”“科普工作先进集体”“动物园保护教育先进单位”“广东省十佳科普基地”等荣誉。

动物园是连接人与自然、人与动物最好的桥梁和纽带，肩负着动物保护与科普教育的重要责任。为充分发挥广州动物园的科普资源优势，更好地服务于社会生态文明建设和公民科学素养提升，广州动物园于 2017 年启动“动物课堂”科普活动品牌项目。动物课堂共开发超过 600 个不同主题的课程，开课约 1600 场次，走进全市约 90 所中小学、幼儿园，直接受众超 30 万人次。

9 引导员笔记

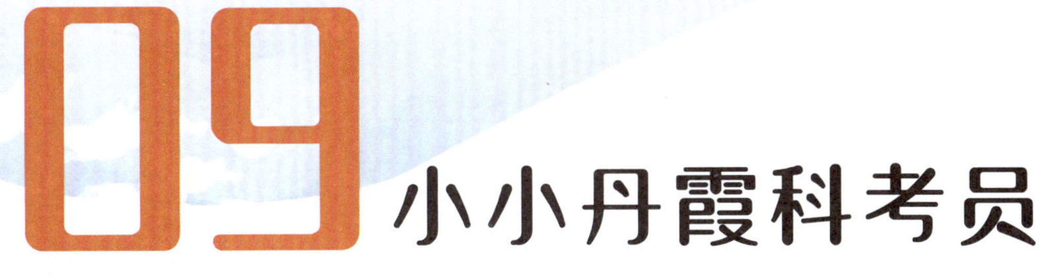

09 小小丹霞科考员

丹霞地貌，宛如大自然的艺术杰作，展示了地球演化的壮丽奇观。

在这片壮丽的景色中，生活着各种独特而珍贵的动植物，它们与丹霞地貌相互交织，共同创造了一个神奇的生态系统。

层层叠叠的红色的岩石峰群，与青翠欲滴的绿色植物形成了鲜明的对比，构成了一幅奇妙的画卷。特殊的地质构造，不仅是许多丹霞特有种的家园，岩洞和峭壁也为许多动物，尤其是鸟类和蝙蝠，提供了理想的栖息地。置身其中，仿佛看见地球生命的历程，不禁感慨“寄蜉蝣于天地，渺沧海之一粟”。

让我们怀着敬畏之心，跟随着古往今来众多自然爱好者和科学家的探险、探索和探究的脚步，一起来探秘这奇美丹霞。

课程“小小丹霞科考员”是面向中小学生，具有丹霞区域特色的研学实践课程。本课程以校本大纲为基础，以户外实践为特色，实现校内课程和户外实践的衔接。

本课程采用故事叙事的形式和情景式教学，形式包括互动闯关、科学实验、户外实践及总结归纳。它以丹霞山的地质地貌为核心，讲述独特的地形地貌演化出来的丰富的生物多样性及独特的自然环境造就的璀璨丹霞文化，而人文行为又为这座大山增添灵动与奇趣。它围绕地质、生态、人文，从多个角度构建三者之间的关系，讲述丹霞山的生命故事，让参加者在实践中了解与丹霞相关的知识，并形成自己的认知，从而成长为对自然感兴趣、乐于分享自然故事的人。

1 教学背景

背景一：中国的丹霞，世界的丹霞

丹霞地貌是中国地质学家历经百年的研究成果，顶平（斜）、坡陡、麓缓是丹霞地貌的特征。丹霞山是丹霞地貌的命名地，应用于全世界同类型的地质描述中。丹霞山还是丹霞地貌发育最典型的分布区，具有丰厚的科研成果。

丹霞山在亿万年的自然演化史、几千年来的人文发展史、近百年的科学研究史中形成了极强的区域特征。独特的地形地貌衍生了丰富的生物多样性，独特的自然环境造就了独特的区域文化。科学的研究让我们得以了解它亿万年来的发展历程，而科普工作的开展，则助力了科学故事的传播。

背景二：丰富的科普场域

丹霞山持续开展科普研学工作，形成了 1 个博物馆、9 条科普线路、3 条自然教育径及 30 多家科普学堂的科普格局，成为广东首个正式授牌的“科普小镇”，区域内有着浓厚的科普氛围。

人们因慕名丹霞而来，在科普小镇上居住。在这里每一位镇民都是科普引导员，他们把浓浓的科普与各自的民宿和商铺相结合，充满了对这座山的自豪。社区的支持，成为能够接待大规模研学和可持续运营的坚实基础。

博物馆是知识和研究的集合载体，是敲开奇美丹霞奥秘的问路石，在这里，你可以知其然并知其所以然。而 9 条科普线路，更是建立在原有的科学家科考路线基础上，重返科学家的探究之路。自然教育径则是结合自然教育主题设计得更契合教育的路线，使你能更充分感受丹霞的奇美。

2 教学信息

设计者	韶关市丹霞科普研学实践中心 余东亮
课程目标	觉知目标： • 觉知到丹霞山地质地貌的存在。 知识目标： • 了解地质地貌的独特之处和形成原理，掌握丹霞地貌的典型特征，能识别丹霞地貌景观，认识丹霞山有趣的动植物。 态度目标： • 培养对丹霞山独特地质地貌景观和丰富自然物种的欣赏和爱护态度。 技能目标： • 培养团队协作和沟通交流能力。 行为目标： • 在考察过程中做到爱护自然景观和动植物，减小对它们的干扰；回去后向他人传播丹霞相关知识和爱护丹霞景观及其生物多样性的环境友好行为。
对象	小学及以上的学生。
场地	丹霞山世界地质公园。
时长	1 天（每课时 45 分钟，共 8 课时，总计 6 小时）。

3 教学框架

环节名称		环节概要	时长
环节一	博物馆闯关	通过闯关的方式初步了解丹霞山的地质地貌、生物多样性及文化内容，为接下来的实验及考察打好知识基础。	1.5 小时
环节二	沉积岩实验	通过实验的方式，模拟沉积地貌的形成历程，还原丹霞山的自然演化史。	1 小时
环节三	科考线路实地考察	近距离地探究丹霞山地质成因，了解生物多样性，了解地貌的形态塑造。	3 小时
环节四	活动总结	运用思维导图的方式，将行程中的知识点进行贯连，回顾行程中所经历的活动点和知识点，梳理整个活动。	0.5 小时

4 教学流程

环节一：博物馆闯关

目　标　觉知到丹霞山地质地貌的存在；了解地质地貌的独特之处和形成原理，掌握丹霞地貌的典型特征，能识别丹霞地貌景观，认识丹霞山有趣的动植物。

时　长　1.5 小时。

地　点　丹霞山博物馆。

教　具　博物馆答题卡。

流　程　❶ 活动导入：引导员开场介绍博物馆的布局和知识梗概，并介绍闯关活动规则。

❷ 活动开展：通过游戏的形式给参加者分组，每组 8~10 人，以小组的方式，开展题板题目的竞赛答题。

❸ 竞答形式：每个小组有 100 道题目，每个参加者每次只能够拿 1 道题目到展厅内寻找答案，答对加分，答错可继续作答或更换题目，在规定时间内，答题分数最高的小组获胜。

❹ 总结：在参加者完成闯关题卡后，根据题板上的问题，带领参加者参观博物馆展厅，展示整个展厅的知识逻辑。

引导及解说内容

在丹霞山博物馆内有 4 个科学展厅，分别是地球科学厅、丹霞地貌厅、丹霞生物厅、丹霞文化厅。为了帮助大家更快地了解丹霞山，我们将以小组的形式，开展一次闯关比赛。每个小组面前都有一块题板，每块题板上都有 100 个题目，这些题目的答案都可以在博物馆里找到，看看哪个小组能够在最短时间内，答对最多的题目。

在活动开始之前，先说一下游戏的规则。待会儿大家将分成 10 人一组，每个小组认准自己的题板，完成自己小组题板上的题目，千万不要帮别的小组完成了题目哦！每个小组成员自行在题板上选择题目，一定要注意，每次只可以选取一道题目作答，完成后到引导员这里核对答案，答对加分，答错可以选择继续作答或更换题目。博物馆闯关赛的规则是在最短的时间内答对最多的题，最终以小组获得的总积分计算成绩。

本次博物馆闯关竞赛的时间为 40 分钟，XXX 点请大家准时回来集合。现在可以开始作答。

博物馆答题卡

1. 太阳系的八大行星分别是哪八大行星呢？
 水星、金星、地球、火星、木星、土星、天王星、海王星 。

2. 距离太阳最近的行星是什么？ 水星 。

3. 太阳系最大的行星是哪一颗？ 木星 。

4. 地球形成至今已经有多少年了？ 46 亿年 。

5. 地球的外部圈层包括 大气圈、水圈、生物圈 。

6. 请对以下四个层面距离地球表面从近到远进行排序： ④①③② 。
 ① 平流层 ② 暖层 ③ 中间层 ④ 对流层

7. 生物圈的范围大约为海平面上下垂直 10 千米。

8. 地球内部圈层分为 地壳、地幔、地核 。

9. 地壳的平均厚度是多少？ 17 千米 。

10. 地球内部，横波在 古登堡 界面中停滞了传播。

11. 地核中，内核为 固 态、外核为 液 态。

12. 软流层在 莫霍 界面中。

13. 地层年代越老，所含的生物越___、越___。（ B ）
 A. 原始 复杂 B. 原始 简单 C. 进步 简单 D. 进步 复杂

14. 在同一水平面上，背斜的岩层特点是怎样的？ A 。
 A. 中间老，两翼新 B. 中间新，两翼老 C. 不规则分布

15. 地球的历史步伐总在不停地走着，请问恐龙出现在以下哪个时期？ B 。
 A. 古生代 B. 中生代 C. 新生代

16. 岩石的三大类分别是 沉积岩 、变质岩 、 岩浆岩（火成岩） 。

17. 向斜为中间岩层 新 ，两翼岩层 老 。

18. 被称为“爬行动物时代”“恐龙时代”的是哪个地质时代： 中生代 。

19. 化石形成的四个步骤依次是 生物死亡 、尸体腐烂分解、泥砂掩埋、石

化形成化石 。

20. 人类在哪个时期出现？ C 。

A. 寒武纪 B. 白垩纪 C. 新近纪 D. 三叠纪

21. 三大类岩石的转化中，我们发现所有岩石都有可能经历一场新的演化，成为岩浆再次成型。那么变成岩浆的这个过程叫什么？ 重融再生 。

22. 什么样的地貌才是丹霞地貌呢？ 有陡崖的陆相红层地貌

23. 丹霞地貌的形态特征： 顶平（斜）、身陡 、麓缓 。

24. 按照气候区划分，丹霞山属于 亚热带季风气候区 。

25. 按照主导动力，丹霞山属于 流水地貌 。

26. 按照发育阶段，丹霞山属于 壮年晚期 。

27. 按照地貌组合形态，丹霞山属于 峰林峰簇 。

28. 丹霞山分布的红层主要分为两部分，较老的称为 长坝组 ，较新的称为 丹霞组 。

29. 地貌形态中的单体形态又可划分为 正 地貌和 负 地貌。

30. 在地貌形态分类中，拱桥属于什么形态？ B 。

A. 正地貌 B. 负地貌

31. 直接控制丹霞地貌发育的外动力地质作用主要有：流水、风力、生物 。

32. 流水 作用是丹霞地貌的形象雕塑师。

33. 岩溶 地貌又叫喀斯特地貌。

34. 黄山属于什么地貌类型？ 花岗岩地貌 。

35. 被列入世界遗产目录的中国丹霞由哪六处丹霞地貌共同组成？

贵州赤水、福建泰宁、湖南崀山、广东丹霞山、江西龙虎山、浙江江郎山 。

36. 2010 年中国丹霞被成功列入《世界遗产目录》。

37. 2004 年广东丹霞山被联合国教科文组织批准为全球首批世界 地质 公园。

38. 丹霞地貌，是指以 陡崖坡 为特征的红层地貌。

39. 1939 年中山大学陈国达教授首先提出 “丹霞地形” 的术语。
40. 据黄进教授等人的研究，在近 100 万年间丹霞山平均上升速度为每万年上升 0.94 米。
41. 丹霞地貌发育于陆相红层 D 层之中。

A. 砂岩　B. 泥质粉砂岩　C. 砾岩　D. 砂砾岩

42. 丹霞盆地的红色岩系发育形成于中生代，受控于 燕山 运动，而盆地内的丹霞地貌则形成于中生代，受控于 喜马拉雅 运动以来的新构造运动。
43. 丹霞盆地有两组主要的大节理，一组为 东北—西南 走向，一组为近东西向。
44. 地球内力作用控制了岩层的块状，而岩层的块状又控制了丹霞地貌最基本的 坡面 形态。
45. 流水的 侧蚀 往往在坡脚掏空出水平洞穴，使上覆岩块悬空。
46. 风化作用对暴露的红层坡面进行经常性的破坏，在一些 直立坡 或 反倾坡 上基本无流水作用，各种风化作用表现得十分清楚。
47. 重力作用主要表现为 崩塌 ，常常发生在流水下切或侧蚀而形成的临空谷坡上。
48. 1992 年中山大学 彭华 教授首次提出丹霞山申报世界自然遗产。
49. 中国丹霞是系列遗产的总称，包括丹霞山在内的六处丹霞地貌，是什么类型的红层地貌代表？ C 。

A. 高海拔地区　B. 低海拔地区　C. 湿润区　D. 干旱区

50. 丹霞山的最高峰是 巴寨 ，海拔 619.2 米。
51. 丹霞山红色岩层中的长坝组以 粉砂 岩和 泥质 岩为主。
52. 至 2014 年，我国目前已知的丹霞地貌共有 1057 处。
53. 目前已发现的丹霞地貌在 中 国最多。
54. 美国的 帕利亚 峡谷、 阿切斯 国家公园都属于丹霞地貌。
55. 世界上丹霞地貌发育较好的地方目前已知有 19 个国家 51 处。

56. 丹霞山地处＿亚热带＿季风气候区。

57. （连线题）丹霞地貌在我国的地理分布特点如下。

西北部　　高寒－干旱山地型丹霞

西南部　　湿润低海拔峰丛－峰林型丹霞

东南部　　湿润－高原－山地－峡谷型丹霞

58. （连线题）请将以下各地丹霞地貌与其演化时期对应。

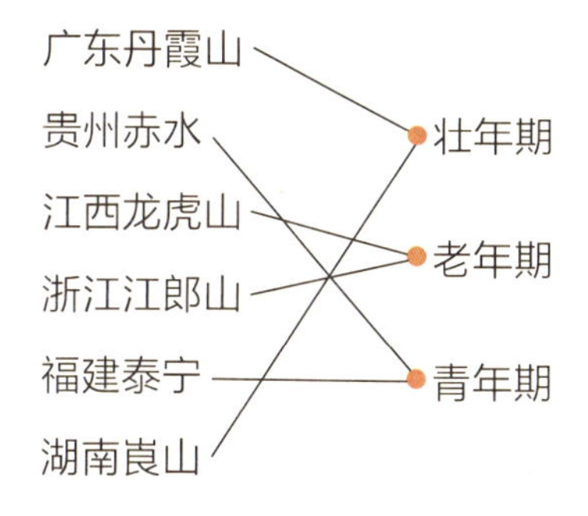

59. 丹霞山喜结好友，以下哪些单位是丹霞山的姊妹公园？（答案不唯一）

1. 安徽黄山
2. 四川兴文石海
3. 甘肃崆峒山
4. 江西龙虎山
5. 湖南韶山
6. 新疆喀斯特
7. 黑龙江镜泊湖
8. 北京房山
9. 内蒙古阿拉善沙漠
10. 河南云台山
11. 美国泽恩国家公园
12. 河南王屋山－黛眉山
13. 内蒙古巴彦淖尔
14. 河北承德丹霞地貌
15. 青海昆仑山
16. 黑龙江五大连池
17. 韩国济州岛
18. 浙江雁荡山
19. 新疆天山天池
20. 摩洛哥姆古恩
21. 湖南张家界
22. 湖南湘西
23. 甘肃敦煌
24. 四川光雾山－诺水河

60. “丹霞”一词最早见于 曹丕 、 曹植 兄弟的诗文。

61. “丹霞”一词最早用来描写丹霞山，是出现在 明朝嘉靖 年间 伦以谅 所作的《锦石岩》一诗中。

62. 明崇祯末年，出银百余两，买山并隐居丹霞山的是 李充茂、李永茂 兄弟。

63. 丹霞山是一个历史悠久的名山，从古至今流传下许多的名字，请罗列丹霞山的另外两个别称。 韶石、长老寨（答案不唯一，还有曲红岗）

64. 散文《丹霞山记》的作者是 李永茂 。

65. 遍布丹霞全山的古山寨数量超过一百座，号称丹霞山 108 寨。

66. 丹霞山山寨众多，关于丹霞山山寨特点有怎样的描述？ 逢山有寨、逢寨有门、逢门必险 。

67. 请罗列丹霞山的三个代表性山寨名称。

将军寨、巴寨、细美寨（答案不唯一，还有禄意堂、荷树岩寨、长老寨）。

68. 丹霞山锦石岩寺是北宋时期的 法云 居士所建。

69. 1957 年 见成 尼师到锦石岩寺清修，锦石岩寺现在是尼众清修福地。

70. 别传禅寺的第一任住持是 丹霞天然 禅师。

71. 别传禅寺名字，取自佛偈“ 不立文字 ， 教外别传 ”的含义。

72. 丹霞山也是个道家福地，仙居岩位于翔龙湖畔，相传东晋时期的 葛洪 曾在此炼丹。

73. 丹霞山古称“韶石”，请回答丹霞山被称为“韶石”的典故。

舜帝南巡奏韶乐而命韶石 。

74. 《水经注》中“两石对峙，似双阙，名曰韶石”描绘的是今丹霞山中 韶石景区 的双阙石。

75. 丹霞三宝分别是： 红豆 、 兰花 、 还魂草 。

76. 韶关三宝分别是： 蘑菇 、 笋干 、 茶叶 。

77. “楼台飞半空，秀气盘韶石”是 王安石 赞颂丹霞山所作。

78. “万古丹霞冠岭南”是 苏轼 赞颂丹霞山的诗句。

79. 丹霞山景区内的土壤质地为壤质土，呈 酸 性，物理性质良好，有利于植物生长和通气保水。

80. 截至 2020 年，丹霞山发现的维管束植物有 1732 种。

81. 以下哪个物种为丹霞山发现的新物种：A、B、C、D。

A. 丹霞梧桐　B. 彭华柿　C. 丹霞小花苣苔　D. 黄进报春苣苔

82. 丹霞山的沟谷植被表现出较强的 热带性质 ，有较多喜高温高湿的植物，分布有丰富的藤本和蕨类，以及多种阴生植物。

83. 大型真菌的营养方式有哪几种? 腐生型 、 寄生型 、 共生型 。

84. 昆虫纲是节肢动物门下的一大类动物，成虫期的身体分 头、胸、腹 三个部分。

85. 鸟类的生态类群主要分为哪几类? 游禽、涉禽、 陆禽、 猛禽、攀禽、鸣禽 。

86. 生物的多样性包括：遗传多样性、物种多样性、生态系统多样性 。

87. 生态多样性的间接利用价值包括：生态价值、科学价值、美学价值 。

88. 丹霞山的植被大致可以分为以下三个类别：山谷植被、崖壁植被、山顶植被 。

89. 植物的繁殖方式，主要有包括哪几种? 营养繁殖、无性繁殖、有性生殖。

90. 依靠风力传送花粉的，属于哪一类花? A 。

A. 风媒花　B. 虫媒花　C. 水媒花

91. 果实和种子的散布，主要依靠 风力、水力、动物 及果实本身产生的机械力量。

92. 在蜜蜂家族中，繁育后代的是： 蜂后 。

93. 请任意列举出鸟巢的三种类型：地面巢、水面浮巢、洞巢（答案不唯一，还有编织巢、泥巢、唾液巢、叶巢）。

94.（多选）以下种子属于水力传播的是：C、D。

A. 松果　B. 软荚红豆　C. 椰子　D. 睡莲

95.（多选）以下关于毒蛇辨别的说法，错误的是：A、B、C、D。

A. 头为三角形的蛇有毒　B. 体色鲜艳的蛇有毒

C. 头为圆形的蛇无毒　D. 体色朴素的蛇无毒

96. 种间关系是指不同物种种群间的相互作用，主要包括 竞争、捕食、寄生、共栖和共生 等。

97.（多选）以下关于毒蘑菇的错误辨别的方法包括哪些？ A、B、C、D。

A. 鲜艳的蘑菇有毒

B. 颜色普通蘑菇有毒

C. 长在潮湿处或家畜粪便上的蘑菇有毒

D. 长在松树下等清洁地方蘑菇无毒

98. 昆虫是地球上数量最多的一类动物，请你列举出三种有利于昆虫繁育的原因：体形较小、有翅能飞、有复杂的气管系统（答案不唯一，还有较为坚硬的几丁质外骨骼、取食器官多样化、繁殖力强、具有变态与发育阶段性、适应能力强）。

99. 昆虫为了减少其他动物带来的伤害，形成了自己的一套防御系统，包括初级防御和刺激防御，其中，初级防御包括哪些？ 保护色、警戒色、伪装、拟态 。

100. 请列举出三个，我们要保护生物多样性的原因： 每个物种都有生存的权利、所有物种都是相互依存的、人类应对他人负责（答案不唯一，还有人类应对我们的后代负责、尊重人类的生活和利益与尊重生物多样性是一致的）。

环节二：沉积岩实验

目　标　了解地质地貌的形成原理，掌握丹霞地貌的典型特征。

时　长　1 小时。

地　点　丹霞山博物馆。

教　具　沉积箱、沉积瓶、彩色砂、勺子。

流　程

❶ 观察演示沉积过程，通过解说，了解沉积地貌的演化流程；

❷ 参加者自己动手制作属于自己的沉积瓶，让参加者在实验中理解沉积地貌的概念，认识影响地貌景观形成的动力作用。

引导员演示的道具

引导员演示的成果

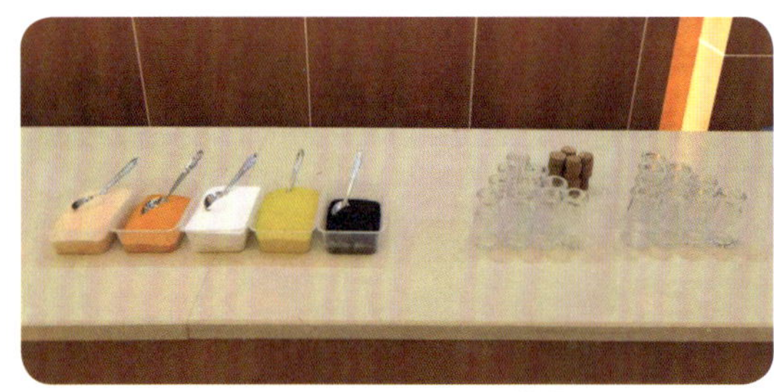

参加者体验的道具　　参加者体验的成果

环节三：科考线路实地考察

目　标

❶ 觉知到丹霞山地质地貌的存在；

❷ 了解地质地貌的独特之处，掌握丹霞地貌的典型特征，能识别丹霞地貌景观，认识丹霞山有趣的动植物；

❸ 培养对丹霞山独特地质地貌景观和丰富自然物种的欣赏和爱护态度；

❹ 培养团队协作和沟通交流能力；

❺ 在考察过程中做到爱护自然景观和动植物，减少对它们的干扰。

时　长

3 小时。

地　点

丹霞山已开放的科考线路。

教　具

研学手册、引导员手卡。

流　程

根据研学手册沿着已有的科考路线进行导赏。请参加者在考察过程中，保持对丹霞山独特地质地貌景观和丰富自然物种的欣赏和爱护态度，互相协作沟通和监督，做到爱护自然景观和动植物，减少对它们的干扰。

导赏主题如下。

主题一：寻找地质演化的证据

石头在悄悄变化

地球最外层成为地壳，是由岩石组成的。地球上所有的山脉、洋底、火山、山谷和峭壁，都是由岩石组成的。然而，岩石到底是什么？它们是如何形成的？有什么不同的类型？随着时间推移，岩石是如何变化的？

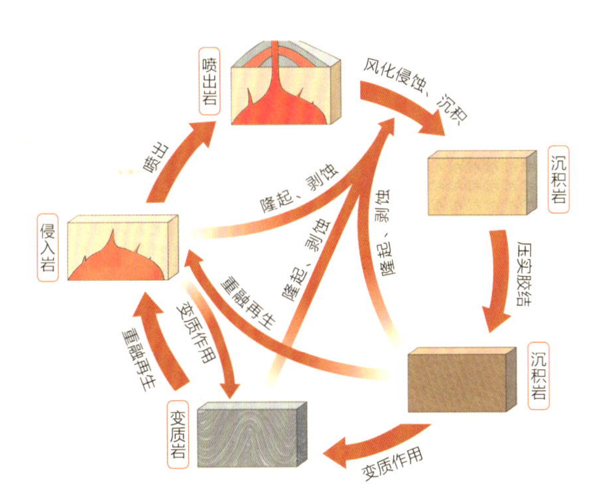

岩石旋回简图

三大岩石特征

依据岩石形成方式，将岩石划分为如下的类型：岩浆岩、沉积岩和变质岩。这些岩石都由物理变化形成，如熔化、冷却、侵蚀、压实或变形，这些物理变化也是岩石旋回的组成部分。

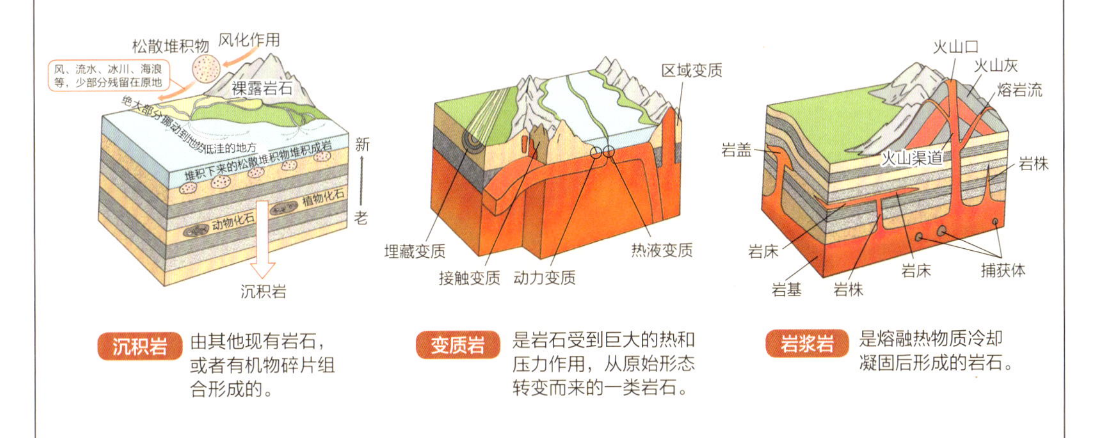

沉积岩 由其他现有岩石，或者有机物碎片组合形成的。

变质岩 是岩石受到巨大的热和压力作用，从原始形态转变而来的一类岩石。

岩浆岩 是熔融热物质冷却凝固后形成的岩石。

讲一个中国丹霞的故事

“中国丹霞”是一个世界遗产的系列提名，包含广东丹霞山、浙江江郎山、江西龙虎山、福建泰宁、湖南崀山和贵州赤水六处组成。作为湿润区红层地貌的代表，在全球具有唯一性和不可替代性，生动地讲述了丹霞地貌形成演化各个阶段的故事，从科学角度展示了丹霞地貌完整的演化系列，从形态上展示了各具特色并互补的景观系列。

丹霞山处于丹霞地貌发育的壮年阶段，可以在丹霞山找到丹霞地貌发育的不同时期。结合图例，寻找不同阶段的丹霞地貌在丹霞山留下的痕迹。

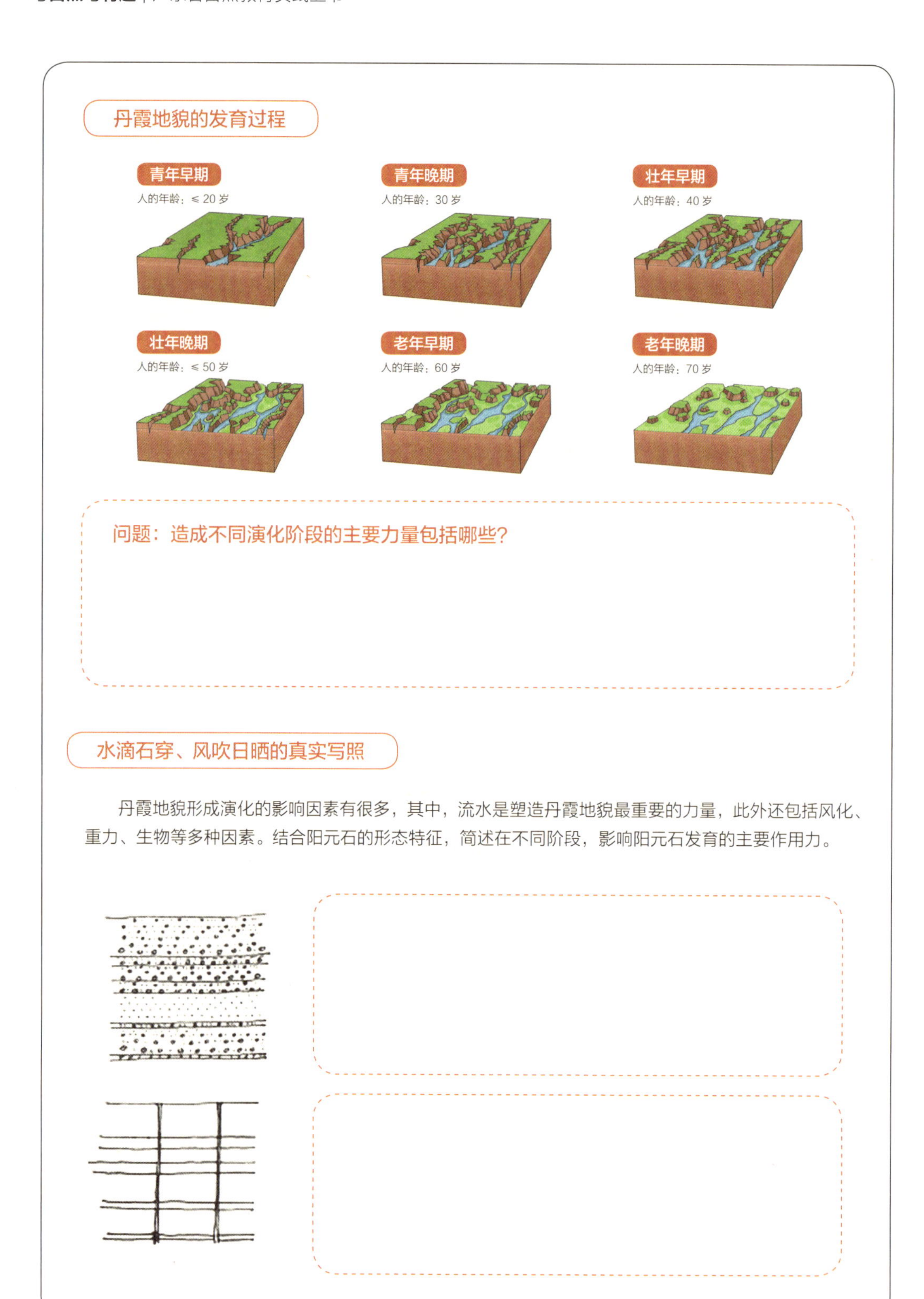

丹霞地貌的发育过程

问题：造成不同演化阶段的主要力量包括哪些？

水滴石穿、风吹日晒的真实写照

丹霞地貌形成演化的影响因素有很多，其中，流水是塑造丹霞地貌最重要的力量，此外还包括风化、重力、生物等多种因素。结合阳元石的形态特征，简述在不同阶段，影响阳元石发育的主要作用力。

●主题二：丹霞山有趣的植物

丹霞梧桐可以很普通

在长期的生态保护以及科研人员的努力下，在丹霞山首次发现并命名的物种在逐渐增加。丹霞梧桐作为最早期被发现并命名的特有物种，对于丹霞山物种的发现和保护具有非常重要的意义。

丹霞梧桐的花

丹霞梧桐的果实

丹霞梧桐因为仅在丹霞山分布而为世人所知，还有更多我们还未知的生命，也依然在自然界中很好地生存，丹霞梧桐只是自然界三万多种植物中的一种。通过在丹霞山对动植物知识的学习，你认为我们为什么要保护生物多样性呢?

充满纪念意义的彭华柿和黄进报春苣苔

大自然具有非凡的多样性和创造力，随着人类的探索，不断有新的物种被发现。为了纪念对科学作出重大贡献的科学家们，新发现的物种会以他们的名字命名。

彭华柿和黄进报春苣苔是近年来丹霞山新发现的物种。为了纪念近百年来地质学家对丹霞地貌研究领域作出的卓越贡献，以上两种植物均采用已故地质学家的名字命名。

随着科学考察的不断进步，会有越来越多的物种被发现。

彭华柿

黄进报春苣苔

悬崖峭壁上的竹子——丹霞单支竹

单支竹属的植物存在着抗旱功能结构，适应悬崖峭壁上的干旱环境，丹霞单枝竹是丹霞山地区峰顶植被的重要组成部分，对于维持峰顶的生态系统具有重要的作用。

丹霞单支竹

●主题三：斗智斗勇的动物们

1. 分工合作的蚂蚁家族

蚂蚁的社会性行为，能够有效地提高种群内的生存概率，蜜蜂也同样有严密的分工，以更好地实现种群的繁育。

专司产卵的蚁后，勤劳的工蚁，守卫的兵蚁，在特定时段才会出现的雄蚁和其他雌蚁，共同构筑了一个完整的蚂蚁家族。

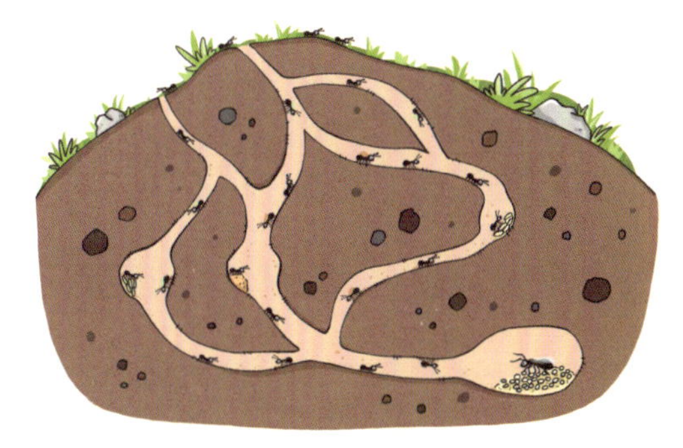

蚁穴

思考一下

蚂蚁的社会性行为，是物种内非常典型的种内合作关系。在物种内，除了合作，是否还存在其他的关系呢?

2. 蚁狮的陷阱

蚁狮是蚁蛉科昆虫的幼虫阶段的统称。倒着走的蚁狮，在捕食方面有着自己独特的技巧。圆锥形沙漏在干燥的沙地上是蚁狮巧妙的陷阱，隐藏在“扁斗”底部的蚁狮，在感受着周边细微的动静，蓄势待发。这次会是哪个倒霉的猎物呢?

蚁狮捕食蚂蚁

思考一下

蚁狮一年可以捕捉上万只蚂蚁，这种关系在生物学里叫作捕食。在不同的物种间，还存在着怎样的关系呢?

3. 叶甲的突围

海芋全株有毒，其毒素对于许多的昆虫而言，都是致命的；但是海芋肥硕的叶片，却让一种昆虫按捺不住了，它就是锚阿波萤叶甲。

在长时间的相互较量中，海芋为了保护自己，衍生出了毒素，而锚阿波萤叶甲，为了吃上美味的叶片，也费尽了心思。

锚阿波萤叶甲在海芋叶子上的食痕

思考一下

❶ 叶甲在吃这株海芋的时候，需要经过哪几个步骤?
❷ 植物为了实现自我防御，衍生出了哪些机制?

4. 自然界的变装舞会

枯叶蝶，一种名字和形象完全符合的物种，当它混迹于干枯的树叶中时，竟然很难将它和树叶区分开来。拥有同样技能的还有一种常见的昆虫——竹节虫。它们常常被误认为是树枝，也因此躲过了天敌的追捕。

这是昆虫自我防御的基础技能——拟态

思考一下

除此之外，昆虫还具有哪些防御手段呢?

5. 听音寻鸟

时而在屋檐，时而在林间，时而在树梢，时而在草地。我们艳羡鸟儿的自由自在，却也难觅它的踪迹。听音寻鸟，能够帮我们更快速地找到鸟的踪迹。

一种鸟可能会有几种叫声；不同地方的同一种鸟， 也会有“口音” 的差异；但是，同一种鸟所发出的频率，却是一样的。

以下是我们在行程中常见的鸟。请你仔细留意，聆听它们所发出的声音，观察它们的身形。

黑鸢　棕背伯劳　红耳鹎　红嘴蓝鹊　珠颈斑鸠

6.“蝶”大十八变

美丽的蝴蝶，能够很快地吸引我们的注意。而它的幼体——毛毛虫，似乎在更多的时候，都会遭受嫌弃的目光。这种蜕变在古代就有一个专门的词汇“破茧成蝶”，来形容通过努力而实现巨大的改变。

这种变化在自然界，却是一种相对常见的生物现象——完全变态发育。

那么蝴蝶的一生， 需要经历怎样的几个阶段呢?

看看我们今天可以遇上几种?

青凤蝶　燕凤蝶　柑橘凤蝶　玉带凤蝶

7. 神秘的丹霞隐士——丹霞真龙虱

丹霞真龙虱的行踪非常的隐秘。1941 年，它曾在丹霞山被发现，并被制作成了标本，但并未被人注意。2021 年，中山大学的团队对这些标本进行整理分类，发现了这个独特的标本，在对其进行鉴定后确认为新的物种，并命名为丹霞真龙虱，但却再未发现它的踪迹。

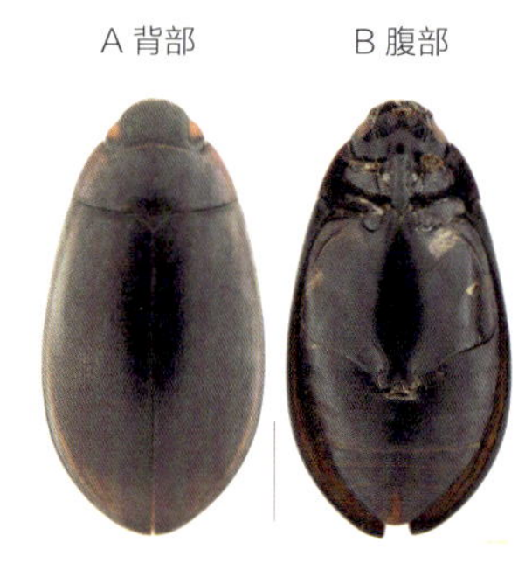

丹霞真龙虱模式标本，采集于 1941 年

主题四：自然笔记

自然笔记

通过我们的观察，发现岩石也有很多有趣的地方。自然笔记的创作，就是帮助我们将我们捕获的有趣的地方进行记录，形成我们自己的生态观察记录。

环节四：活动总结

目 标	❶ 巩固了解地质地貌的独特之处和形成原理，掌握丹霞地貌的典型特征，能识别丹霞地貌景观，认识丹霞山有趣的动植物； ❷ 培养对丹霞山独特地质地貌景观和丰富自然物种的欣赏和爱护态度； ❸ 培养团队协作和沟通交流能力； ❹ 回去后向他人传播丹霞相关知识和爱护丹霞景观及其生物多样性的环境友好行为。
时 长	0.5 小时。
地 点	丹霞山博物馆。
教 具	白板纸、大头笔（彩笔）。
流 程	❶ 引导员引导参加者运用思维导图，归纳贯穿整个活动的知识要点； ❷ 参加者通过画和写等自己的方式，进行思维导图的创作； ❸ 参加者分组总结活动成果； ❹ 开展结营仪式，引导员和参加者回顾行程的点滴，分享活动成果； ❺ 为参加者颁发自然教育课程证书，并希望他们回去后向他人传播丹霞相关知识和爱护丹霞景观及其生物多样性的环境友好行为，让来丹霞山游玩的人们爱上这片奇美之地。

5 教学实践

课程开展情况

该课程从 2017 年在丹霞山开展，累计授课场次 200 场以上，累计服务 30000 人次以上。该研学活动主要由丹霞山科普引导员带领，特聘自然爱好者和社区引导员协助开展。

引导员实践

余东亮

丹霞山自然学校校长
丹霞山科普导师

本课程的设计以丹霞山地质地貌为主线展开，涵盖生物多样性与丹霞在地文化内容，讲述地质地貌的自然演化史、人文发展史及科学研究史，并构建参加者对地质、生态、文化之间相互联系的认知。课程形式包括室内探究、动手实验、户外探索、小组合作等多种形式，能够更好地增强参加者的参与度。此外，课程以知识理论导入—参加者实践—参加者成果输出为逻辑，让参与的参加者，能够从多个维度理解探究内容。

顾丽娟

丹霞山博物馆馆长
丹霞山科普导师

本课程在开展过程中聚焦点明确，同时能够围绕焦点开展周边内容，使参加者能够更加清晰地理解课程主旨。本课程能够适用于较大年龄跨度的参加者，对不同年龄阶段的参加者都有不同的启发。

刘冠宏

丹霞山科普导师

课程的体验性较强，形式丰富多样，参加者在不断切换场景的过程中，能够多角度地学习课程知识，同时我们也能够感受到参加者在学习的过程中是快乐的。

丘毅

韶关市广之旅副总经理

课程的整体体验感不错，形式比较丰富，尤其是沉积实验，比较生动地演示了沉积地貌的演化历程，也能够反映水、风、生物等作用力对地貌的影响，参加者在参与的过程中也比较投入。

参加者实践

学员身份	评价
家长	没想到岩石也有这么多故事!
参加者	这里的山石树木、动物昆虫千奇百怪，大自然太神奇了!
重游丹霞的家长	原来丹霞山还可以这么玩，我以前来游的都是假的丹霞山!
参加者	这么快就结束了? 我还想再玩几天，我下次还要来!
领队老师	谢谢引导员! 这两天带我们看了这么多新鲜的事物，收获太大了!
家长	谢谢引导员! 我孩子这两天学得很认真，以后还要参加你们的活动!

6 课程评估

根据参加者及引导员的反馈，进行课程成效的评估。

对于觉知目标

大部分参加者都可以通过课程觉知到丹霞山地质地貌的存在，在反馈中会使用褒义的形容词来赞美丹霞山的地质地貌。

对于知识目标

通过对闯关、提问和制作沉积瓶的结果进行评估，发现在闯关问题的问卷中，大部分参加者都可以达到较高的分数；在通过制作的沉积瓶观察是否符合岩层分层等特征的过程中，大部分参加者都理解丹霞地貌形成的原理和特征。

通过多个动植物主题的“思考一下”活动，请大家现场讨论和表达，大部分参加者达成目标。

对于态度目标

参加者在课程过程中，表现出欣赏和尊重的态度，未出现破坏环境的行为。

对于技能目标

在多个环节（比如组队闯关，分成小队走进自然里进行观察等）中，参加者提升了团队协作和沟通交流能力，顺利完成各小组任务。

对于行为目标

参加者在课程过程中，做到爱护自然景观和动植物，减小对它们的干扰，未出现破坏环境的行为。

未评估参加者是否达到“回去后向他人传播丹霞相关知识和爱护丹霞景观及其生物多样性的环境友好行为”，未来在课程评估中应该增加对该目标的跟踪评估。

7 延展阅读

知识点及定义说明

丹霞地貌

丹霞地貌是以陆相为主（可能包含非陆相夹层）的红层发育的具有陡崖坡的地貌。丹霞地貌的特征：顶平（斜）、陡坡、麓缓。

丹霞生态

丹霞山位于广东省韶关市，地属南岭山脉中段，具有中亚热带向南亚热带过渡的季风性湿润气候特点。丹霞山由于地质地貌类型的多样性，形成了丹霞山地区独特的区域小气候，为动植物提供了良好的栖息地。

外力作用

形成丹霞地貌的外力作用有流水作用——切割、搬运，风化作用——吹蚀、摩擦，重力作用——卸荷、崩塌，其他作用——生物、岩溶。

推荐阅读书目及文献

- 《漫话丹霞》，郭福生 等，科学出版社，2022
- 《奇美天成丹霞山》，苏德辰 等，石油工业出版社，2018

8 课程机构

韶关市丹霞科普研学实践中心

丹霞山位于广东省韶关市东北郊，总面积 292 平方千米，因“色若渥丹，灿若明霞”而得名，是丹霞地貌的命名地。2004 年 2 月 13 日，丹霞山经联合国教科文组织批准成为全球首批世界地质公园，2010 年 8 月 1 日被列入《世界遗产名录》，2019 年分别入选全国和广东省自然教育基地。

在中国已经发现的 1200 余处丹霞地貌景观中，发育最典型、类型最齐全、造型最丰富、风景最优美、研究最深入的当属丹霞山，其已经成为全国乃至世界丹霞地貌科学研究基地、科普旅游和教学实习基地。丹霞山世界地质公园内有大小石峰、石堡、石墙、石柱等 680 多座，群峰如林、疏密相生、错落有致、造型奇绝、鬼斧神工，宛如一方红宝石雕塑园，又称中国红石公园。丹霞山位于南岭山脉中段，具有中亚热带向南亚热带过渡的季风性湿润气候特点，气候温和湿润。丹霞山由于地质地貌类型的多样性，形成了丹霞山地区独特的区域小气候，为动植物提供了良好的栖息地，使其成为生物多样性丰富的区域。丹霞山历史悠久，四千多年前舜帝南巡，登韶石奏韶乐，韶石山因此而得名。隋唐时期丹霞山已成为岭南胜地。

丹霞山依托特有的地质地貌、生态、人文等资源，开发适合不同学段、不同群体的自然教育课程 200 多个，每年吸引近 40 万人走进丹霞山接受自然教育。丹霞山正在逐步成为公众开展自然教育活动的最佳场所之一。

9 引导员笔记

10 森林嫌疑人“X”的现身

听说梧桐山的森林里发生了疑案？听说受害者是手无缚鸡之力的老鼠姑娘？还听说，它下个月就要新婚了？现在需要请各位“森林侦探”一起找到真相。

最高明的侦探，只需要蛛丝马迹的信息，也可以突破空间的束缚，将支离破碎的现场还原，找到真相。然而，查到了真相之后，森林里的嫌疑人，真的需要人类侦探们的干预吗？

广东省沙头角林场（广东梧桐山国家森林公园管理处）发布线上侦破计划，一场智力与道德的比拼正式开始！让我们一起云游梧桐山，拨开迷雾，让森林嫌疑人“X”现身吧！

课程“‘森林 X 计划’之森林嫌疑人‘X’的现身”，通过发生在广东梧桐山国家森林公园的一起“案件”，引导参加者了解梧桐山里物种间的关系，激发参加者探索自然的兴趣。

本课程依托梧桐山丰富的自然环境与生物多样性，以具有梧桐山特色的动物为科普对象，以案件形式邀请“森林小侦探”在破解谜题中思考物种之间的关系和生态伦理。

本课程引导员提前给参加者寄送闯关卡及活动物料，让参加者在线下根据线索探案闯关。引导员在线上微信群沟通引导，收集破案反馈与自然发现，并发送下一关内容，引导参加者最终闯关成功，获取梧桐山专属文创礼包。

这种探索方式不仅摆脱了场地的限制，可以线上进行，也摆脱了时间和空间的限制，任何地方的参加者可以随时参与，去了解梧桐山的自然生态。

本课程结合“走进梧桐山”的系列自然课程，让孩子们建立对梧桐山森林生态系统更加全面的认识，开始思考。

1 教学背景

背景一：从林场到国家森林公园

广东省沙头角林场（广东梧桐山国家森林公园管理处）成立于 1980 年，与深圳特区同龄，是广东首个国家级森林公园，也是深圳市目前唯一的国家级森林公园。它在生态建设、自然教育和生态价值转化研究等方面走在全国国有林场改革转型发展工作前列。

通过生态修复、森林抚育和生态投入等生态保育方面的卓越工作，当地自然环境的质量得到了有效地提高，并形成了山、海、城、林于一体的生态格局。在此基础上，广东省沙头角林场通过推广自然教育和倡导公众积极参与保护工作，成功地提高了公众对当地生态环境的重视程度和保护意识。这些努力使得广东省沙头角林场的生态环境得到不断改善，同时也为生态保护工作的不断发展注入了新的活力。

背景二：线上自然教育的“新”和“思考”

现代环境教育的全球启蒙，在《寂静的春天》之后应运而生。而自 2020 年到 2022

年的时光，让我们再次反思，自然教育工作是不是还做得不够。从广度到深度，都激发着我们继续思考和行动。如何利用线上参与的形式让参加者足不出户的情况下，也可以体验自然之乐。

除了形式上的新，还有内容上的思考：把人作为生态系统中的一分子，把所有的生物平等对待，遵守大自然法则——系统的平衡大于个体的利益。在课程过程中，没有评判对错，只有客观的事实，不同的立场有不同的看法，也不给予参加者非黑即白的"答案"。每个人的答案，都在思考中得到。

2 教学信息

设计者	广东省沙头角林场（广东梧桐山国家森林公园管理处） 安然、谢茵茵、张逸、张树娥、严格、朱志用、扎西拉姆、吴宝霞、马揭立、马远锋、李永良、林浩彬、欧阳宁、周庆（科学顾问）、罗勇志
课程目标	觉知目标： • 觉知到梧桐山生物多样性； • 觉知到生物之间是相互关联的。 知识目标： • 通过参与互动问答寻找线索，了解梧桐山常见动物及其生活习性，以及其中的食物链关系。 态度目标： • 通过探案活动，激发参加者自然探索的兴趣； • 引导参加者思考生物之间捕食与被捕食的现象，辩证看待这种现象，并思考这类现象的生态伦理问题； • 增加亲子家庭美好关系，共同思考人与自然关系。 技能目标： • 培养参加者对大自然的探究力、学习力以及思考力； • 培养参加者的逻辑推理能力及自主探索能力。
对象	10 岁以上青少年。
场地	线上线下双互动，不限场地。
时长	根据参加者自身决定，不限时间。

3 教学框架

环节名称		环节概要	时长
环节一	第一关 老鼠新娘失踪案	根据线索进行案情推理，找出嫌疑人。	不限
环节二	第二关 嫌疑人现身	根据证据验证推理，侦破案件，锁定嫌疑人。	不限
环节三	复盘 森林嫌疑人“X”的现身	总结复盘探案步骤。	不限

4 教学流程

环节一：第一关　老鼠新娘失踪案

目　标

❶ 了解梧桐山的生物多样性，觉知到生物之间是相互关联的；

❷ 通过参与互动问答寻找线索，了解梧桐山常见动物及其生活习性，以及其中的食物链关系；

❸ 通过探案活动，激发参加者自然探索的兴趣；

❹ 培养参加者对大自然的探究力、学习力以及思考力；

❺ 培养参加者的逻辑推理能力。

时　长　根据自身推理完成进度，不限时间。

地　点　不限。

教　具　探案挑战卡、彩铅。

流　程

通过案件推理，完成挑战任务，帮助梧桐君找出犯罪嫌疑人，并将线索及任务卡片的推理过程和结果按时上传闯关任务指定邮箱。梧桐君会将成果附在公众号展示并寄出第二关卡挑战书。

“森林 X 计划”
之
森林嫌疑人“X”的现身
（第一关）

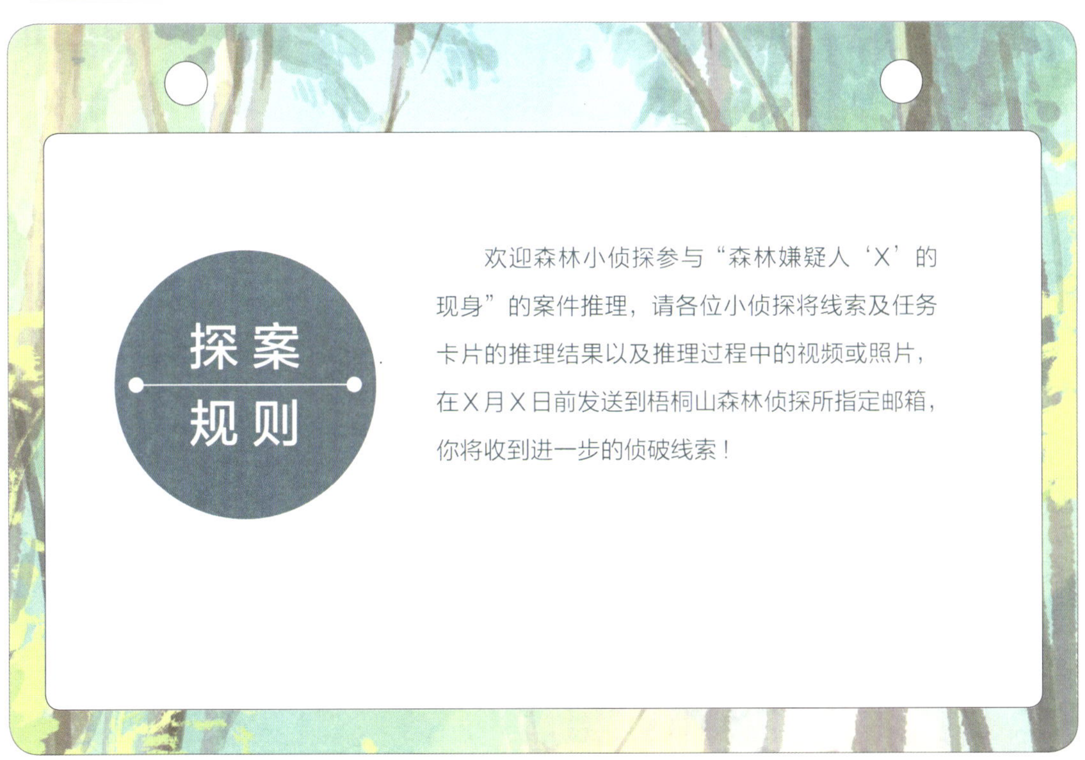
探案
规则
欢迎森林小侦探参与“森林嫌疑人‘X’的现身”的案件推理，请各位小侦探将线索及任务卡片的推理结果以及推理过程中的视频或照片，在X月X日前发送到梧桐山森林侦探所指定邮箱，你将收到进一步的侦破线索！

情境导入

一天下午，蜘蛛姑娘来梧桐山森林侦探所报案。

蜘蛛姑娘：梧桐君，老鼠姑娘不见了。我和老鼠姑娘是很好的朋友，我们相约今早陪她试婚纱。可早上她竟然没在家，到现在还没有回来……

梧桐君：有什么异常吗？

蜘蛛姑娘：早上去老鼠家，她家门口有一滩血迹，我有种不祥的预感，平常老鼠姑娘特别守时，而且她对下个月的婚礼非常期待，特意给我看了她亮闪闪的钻戒。我们很早预约好今天试婚纱，但她一天没有出现，我怀疑她已经……梧桐君，请帮忙查清事情的原委，我非常担心她。

森林小侦探，请协助梧桐君一起查清真相吧！

案件推理

第一关的嫌疑人有豹猫、野猪、蛇、凤头鹰和果子狸，请根据探案手册内容进行逐一推理，最后刻画出嫌疑人的肖像。

线索一：痕迹

经过对老鼠姑娘家门口血迹的鉴定，确定是她的血迹，初步断定老鼠姑娘或已遇害！梧桐君继续对现场及周边调查取证，发现如下线索。

经过对现场的痕迹检验对比，梧桐君发现有五种动物到过现场，请各位小侦探为这些痕迹找到相对应的动物吧（连一连）

线索二：证人

梧桐君走访现场，寻找是否有目击的森林居民，并查看周围是否有监控视频。

听说蚯蚓是老鼠姑娘的邻居，梧桐君打算去了解更多情况。去蚯蚓家的路有点难走，森林小侦探快来帮忙！

蚯　蚓：昨天晚上我出门的时候，刚好遇到老鼠姑娘下班回家，她还和我打招呼了呢。

梧桐君：晚上大约几点？

蚯　蚓：8 点左右。

通过以上线索，森林小侦探可以推测出老鼠的失踪时间吗？为什么？

____

确定时间后，五位森林嫌疑人中哪个可以排除嫌疑呢？快在他的照片上画一个大大的“X”吧！

线索三：监控

梧桐君在去老鼠姑娘家的必经之路上发现一个监控，惊喜地发现监控记录到了昨晚到现在的情况，说不定可以发现什么重要线索！但是监控器的密码需要森林小侦探帮忙解锁哦！（请将数字 1~5 填入空白处，使每一横行与纵列的数字不重复）

1				3
2		1		
				5
		5	1	
	2	4		

此行是密码（第三行）

请森林小侦探输入监控密码 ________

了不起，你已经打开监控发现如下三条重要线索，嫌疑人的范围进一步缩小了！

赶紧查看监控拍到了什么吧！

线索一

线索二

线索三

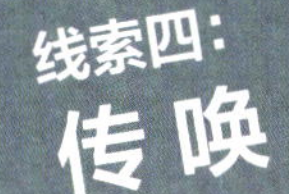

经过几番排查后，梧桐君传唤剩下的三名森林嫌疑人。

果子狸：小野猪对老鼠姑娘心怀不轨。

小野猪：豹猫对老鼠姑娘心怀不轨。

豹猫：果子狸和小野猪都没有心怀不轨。

梧桐君确定只有一个人说了真话。森林小侦探，你知道是谁说了真话吗？

____

打卡规则

完成挑战任务，帮助老鼠姑娘找出犯罪嫌疑人，并将线索及任务卡片的推理过程和结果按时上传闯关任务指定邮箱。梧桐君将你的破案成果附公众号展示并发送第二关卡挑战书。

环节二：第二关　嫌疑人现身

目　标

❶ 了解梧桐山生物多样性；

❷ 觉知到生物之间是相互关联的；

❸ 通过参与互动问答寻找线索，了解梧桐山常见动物，其生活习性以及其中的食物链关系；

❹ 通过探案活动，激发参加者自然探索的兴趣；

❺ 培养参加者对大自然的探究力、学习力以及思考力；

❻ 培养参加者的逻辑推理能力。

时　长

根据自身推理完成进度，不限时间。

地　点

不限。

教　具

探案挑战卡。

流　程

通过证人证言及物证验证第一关推理结果，最终锁定森林嫌疑人“X”。

验证推理

第二关通过证人证言及物证验证第一关推理结果，确定最终森林嫌疑人“X”。

证据一：证人证言

领角鸮(xiāo)来到梧桐山森林侦探所，他声称有老鼠姑娘案件的线索，但是需要森林小侦探先把他爪子上不小心扎进去的刺拔出来才愿意说。

森林小侦探，你能找到哪个是领角鸮爪子的形态吗？

领角鸮：谢谢你们！其实我盯着老鼠姑娘几天了，结果被别人捷足先登！当时，我看到背上有花纹的动物，去了老鼠姑娘家方向。

森林小侦探，现在你能在豹猫、小野猪、果子狸中排除哪位嫌疑人呢？为什么？

____

老鼠姑娘家附近的山腰里，有一堆粪便十分可疑，它会在阳光下闪闪发光。森林小侦探，地图里有 8 处不同，来找找看有什么不同吧！

森林侦探所对话

在粪便中发现一枚亮闪闪的钻戒，经过蜘蛛姑娘的指证，确定是老鼠姑娘的戒指。经过专业检测，粪便是小野猪的。

梧桐君：老鼠姑娘怎么了?

小野猪：那天我真的饿极了，刚好看到老鼠姑娘，于是……

梧桐君：你们平常不是刨食根、茎、果、叶一类吗? 前段时间，你们还在深圳仙湖植物园啃食苏铁种子。

小野猪：我们是杂食动物，只要能吃的东西都吃。青草、土壤中的蠕虫也是我们的食物，还有兔子和老鼠，这些都是我们的食物。

各位森林小侦探，你们觉得梧桐君需要逮捕小野猪吗？

打卡规则

完成挑战任务，并将任务卡片的推理过程和结果按时上传闯关任务指定邮箱。梧桐君将你的破案成果附公众号展示并寄出复盘结果和礼品。

森林居民感谢各位森林小侦探将事件还原，他们将委派梧桐君将此次案件复盘结果邮寄给你们，记得查收哦。

环节三：复盘 森林嫌疑人“X”的现身

目标

❶ 了解梧桐山的生物多样性；

❷ 觉知到生物之间是相互关联的；

❸ 通过参与互动问答寻找线索，了解梧桐山常见动物及其生活习性，以及其中的食物链关系；

❹ 通过探案活动，激发参加者自然探索的兴趣；

❺ 引导参加者思考生物之间捕杀与被捕杀的现象，辩证看待这种现象，以及进行人在这种现象面前的生态伦理思考；

❻ 增加亲子家庭美好关系，共同思考人与自然关系；

❼ 培养参加者对大自然的探究力、学习力以及思考力；

❽ 培养参加者的逻辑推理能力。

时长 不限。

地点 不限。

教具 探案复盘手册、文创礼品、荣誉证书。

流程 参加者根据复盘文档进行复盘梳理。

线索一：痕迹

经过对现场的痕迹检验对比，梧桐君发现有五种动物到过现场，痕迹对应的动物如下。

线索二：证人

梧桐君走访现场，寻找是否有目击的森林居民，并查看周围是否有监控视频。

听说蚯蚓是老鼠的邻居，梧桐君打算去了解更多情况。去蚯蚓家的路有点难走，森林小侦探快来帮忙！

线索二：
证人
（推测时间）
通过以上线索，森林小侦探可以推测出老鼠的失踪时间吗？为什么？
晚上 8 点左右到次日早晨之间
（理由：蚯蚓晚上出门见到老鼠，蜘蛛姑娘早上发现老鼠不见，并且门口有一滩血迹，说明案发时间在昨晚到次日清晨之间。）
可以排除凤头鹰（凤头鹰白天活动，其他 4 种动物会在夜间活动并觅食）。
野猪一般在黄昏时分出没。

线索三：
监控
1 5 2 4 3
2 3 1 5 4
4 1 3 2 5
3 4 5 1 2
5 2 4 3 1
此行是密码
输入监控密码：
41325
监控一
监控二
监控三
豹猫
果子狸
线索三

线索四：传唤

已知结论：果子狸、小野猪、豹猫中，只有一个讲真话，另外两个说假话。

方法一：

假设果子狸说真话，即“是小野猪害了老鼠”，在这种假设下小野猪与豹猫说假话。与题目结论相符，所以假设成立，果子狸说了真话。

假设小野猪说真话，即“是豹猫害了老鼠”，在这种假设下果子狸说了假话，豹猫的话“果子狸和小野猪都没有心怀不轨”也是真话。这种假设下，两个说了真话，与题目“仅有一真”不相符合。所以这钟假设不对。

假设豹猫说真话，即“果子狸和小野猪都没有心怀不轨”，果子狸说“是小野猪”为假话，小野猪说“是豹猫”也是真话。在这种假设下，两个说了真话，与题目“仅有一真”不相符合，所以这种假设不对。

方法二：

假设凶手为果子狸，那么三个动物都说了假话，不符合题目“有一个真话”，故凶手不是果子狸。

假设凶手为小野猪，则果子狸说了真话，另外两个动物说假话，与题目“有一个真话”相符，故凶手为小野猪，说真话的是果子狸。

假设凶手是豹猫，则果子狸说假话，豹猫和小野猪说了真话，与题目“有一个真话”不符，故凶手不是豹猫。

最终答案：果子狸说了真话。

证据分析

野猪的体毛会随着年数的增长而有所变化。它在幼年体色是浅棕色的，并且还有黑色的条纹，这是一种保护色，便于和当地环境融为一体，不被天敌发现。等到 4 个月以后，这种颜色会消失，变成棕红色。到 1 岁以后野猪成年，体色变成黑色。

豹猫从头部至肩膀部有 4 条黑褐色条纹（或为点斑），两眼内侧向上至额后各有 1 条白纹。全身背面体毛为棕黄色或淡棕黄色，布满不规则黑斑点。胸腹部及四肢内侧白色。

果子狸体毛短而粗，体色为黄灰褐色，头部毛色较黑，由额头至鼻梁有 1 条明显的白色条纹，眼下及耳下具有白斑，背部体毛灰棕色，无花纹。

果子狸身上无花纹，以此可以排除果子狸。

证据一：
证人证言
常态足
对趾足
半对趾足
蹼足
全蹼足

证据二：
物 证
找 不 同
广东省沙头角林场
（广东梧桐山国家森林公园管理处）
绘图 / 唐晖
9

证据三：物证——野猪的粪便

野猪粪一般为坚果状或干硬状。坚果状的便便是硬邦邦的小块状，一颗一颗像散开的坚果；干硬状的便便质地较硬，多个小块黏在一起，呈香肠状。

野猪粪（图片来自桃花源基金会一线巡护员）

【小科普】据不完全统计，截至 2020 年野猪在梧桐山的栖息地占有率为 81%，成为名副其实的梧桐山"山大王"。2023 年 6 月后野猪已移出国家"三有"保护动物。2021 年 2 月 5 日，新《国家重点保护野生动物名录》公布，其中，豹猫、凤头鹰、领角鸮，被列为是国家二级保护野生动物。

森林侦探所对话

需要抓捕小野猪吗？（本题为开放性问题，以下答案仅供参考。）

大自然通过一系列吃与被吃的关系，把生物与生物之间有机地联系起来。这种生物成员之间以食物关系联系起来的序列，被称为食物链。"植物种子或树木幼苗—老鼠—野猪"是森林系统中食物链的一种表现形式。本案中，野猪吃老鼠是一种捕食过程，是维持食物链自然运转的一个基本环节。在通常情况下，依赖自然过程维持食物链的运转对于保持森林生态系统的稳定是有效的。

野猪通过捕食不仅可以获得维持自身生命的营养，还可以适度控制老鼠的数量，进一步也可以减少老鼠对植物种子或树木幼苗的啃食，使得食物链维持有序的运转。

自然界生态系统总是趋向于保持一定的内部平衡关系，使系统内各成分间处于相互协调的稳定状态。

5 教学实践

课程开展情况

本课程在 2021 年共开展 3 周，共有 34 位参加者，本课程跨越了场域的限制，参加者中来自广州市 1 名，深圳市福田区 4 名，深圳市龙岗区 3 名，深圳市罗湖区 4 名，深圳市南山区 4 名，深圳市盐田区 18 名。

课程开展现场

引导员实践

安然

广东省沙头角林场（广东梧桐山国家森林公园管理处）自然教育办公室负责人

针对无法开展线下体验式活动的突发情况，林场自然教育团队积极应对，转变思路，研发新的教学及体验形式。形式新，无借鉴，自然教育团队一边开展，一边探索，一边完善。第一期活动考虑尽可能覆盖受众面，让更多的参加者参与、体验、互动，并未区分年龄层，因此存在个别幼龄孩童无法准确理解、较难完成任务的情况。后来及时调整线上活动方案，根据身心发展特点进行分组，将参加者分为 6~9 岁小龄组和 10~14 岁大龄组。同时，分别依据年龄层次在线上引导沟通交流。实践证明，活动方案参与的积极性、参与率、完成率及反馈率均显著提高。

谢茵茵

广东省沙头角林场（广东梧桐山国家森林公园管理处）自然教育资深导师

课程研发突破以往单向教学灌输形式，充分考虑参加者身心发展规律进行内容统筹安排，以趣味谜团模式，设计"探案"故事线，发挥参加者探索自然的主观能动性，发现大自然的美好与奇妙。

同时，基于线上线下双互动自然教育体验形式设计，课程实施中遇到过一些难题，如每关活动从物料寄出到邮箱反馈历时 1 周，活动周期较长。后续采取在微信群组上及时沟通以增加与家长学生黏性、适当缩短活动周期等方式，使问题得以顺利解决。

参加者实践

参加者家长	评价
嘟嘟妈妈	我觉得非常好，本课程把科普知识和探案过程相结合，一下就抓住了小朋友的兴趣点，还培养了小朋友的逻辑分析能力。通过做游戏的方式发现案件线索，形式新颖，拓展面广，既科普了自然知识，又让小朋友们了解了深圳动植物的生物链，以生动有趣的方式带给小朋友一次寓教于乐的探索之旅，非常棒！
林 X 吟	里面设计的环节很有趣，环环相扣，吸引孩子动脑筋，增强对探索的兴趣。孩子特别喜欢，也都很愿意去思考，很棒！
朱先生	通过过关破解谜题的方式学习了解自然知识，新颖有趣，能够吸引小孩子的好奇心，让他们有继续完成破案的动力，也引导他们学习认识了很多平时不太注意到的细节知识。 建议：可以增加点关卡内容，增加点难度，目前小孩子感觉还没过瘾就差不多做完了；可以做多几个系列，或者增加难度范围，不局限于认知类，可以包括一些其他学科范围的。

❻ 课程评估

根据参加者的反馈，对教学的成效进行评估。

对于觉知目标

“通过探案活动，激发参加者自然探索的兴趣。”

从参加者家长“一下就抓住了小朋友的兴趣点”这样的话语中，了解到活动激发了小朋友参与并进行自然探索的兴趣。

对于知识目标

“通过参与互动问答寻找线索，了解梧桐山常见动物及其生活习性，以及其中的食物链关系。”

从参加者家长 “让小朋友们了解了深圳动植物的生物链”这样的话语中，了解到参加者对相关知识有一定的吸收。

对于态度目标

“引导参加者思考生物之间捕食与被捕食的现象，辩证看待这种现象，并思考这类现象的生态伦理问题。”

“增加亲子家庭美好关系，共同思考人与自然关系”。

未在参加者或参加者家长的反馈中看到。

对于技能目标

“培养参加者对大自然的探究力、学习力以及思考力。”

从参加者家长说的 “培养了小朋友的逻辑分析能力”“孩子特别喜欢，也都很愿意去思考”“环环相扣，吸引孩子动脑筋，增加对探索的兴趣”这些话语中，了解到参加者对于大自然有了自己的思考和探究能力。

7 延展阅读

知识点及定义说明

果子狸

学名 *Paguma larvata*，食肉目灵猫科棕榈狸亚科的一个单型属，于1831 年由英国动物学家约翰 · 爱德华 · 格雷发表描述，其下仅包含果子狸一种。果子狸又名花面狸、白鼻心、果子猫，分布于喜马拉雅山区、中国华南与东南亚等地。果子狸是典型的夜行性动物，多在黄昏、夜晚和拂晓出窝活动。

豹猫

学名 *Prionailurus bengalensis*，我国国家二级保护野生动物，又名狸猫、山猫、钱猫、石虎，是分布于季风亚洲的猫科豹猫属物种。豹猫是一种小型猫科动物，原产地位于东南亚和印度次大陆。豹猫共有 11 个亚种。豹猫的名字源于它们所有亚种外表的斑点都类似豹纹（家猫则很少见豹纹），与家猫的主要差异是：长而粗的尾巴，眼窝内侧延伸到额头的 2 条白色纵带，及两耳后方是黑底白斑。豹猫是肉食性动物，捕猎很多小型生物，包括哺乳动物、两栖动物、爬行动物、鸟类、昆虫。北方的豹猫也吃草、蛋和水栖动物作为补充食物。豹猫属于夜行性猫科动物，一般在夜间觅食。

野猪

学名 *Sus scrofa*，又名山猪，猪属动物。它们广泛分布在世界各地，适应多种栖息环境，为杂食性。野猪会挖洞居住，且是唯一会挖洞的有蹄类动物。野猪一般在早晨和黄昏时分活动觅食。

凤头鹰

学名 *Accipiter trivirgatus*，是鹰形目鹰科鹰属中的一种中等猛禽，又名凤头苍鹰、粉鸟鹰、凤头雀鹰。体长 30~46 厘米，体重 224~450 克，上体暗褐色。留鸟，通常栖息在 2000 米以下的山地森林和山脚林缘地带，也出现在竹林和小面积丛林地带，偶尔也到山脚平原和村庄附近活动。在中国主要分布在四川、云南、贵州、广西、海南和台湾等省份，是国家二级保护野生动物。通常在白天活动觅食，以蛙、蜥蜴、鼠类、昆虫等动物为食，也吃鸟和小型哺乳动物。

8 课程机构

广东省沙头角林场（广东梧桐山国家森林公园管理处）

广东省沙头角林场（广东梧桐山国家森林公园管理处）（以下简称林场）位于深圳盐田沙头角，是广东省首个国家级森林公园，深圳特区唯一的国家级森林公园，保护着完整的珍贵原生态环境。

丰富的生物多样性资源，为林场开展自然教育活动提供了坚实的基础。自 2016 年起，林场探索自然教育工作，目前已开展线上线下双互动活动“争当梧桐山之王”“铃儿花小精灵的邀请”等，线下体验活动“在自然中成长”系列、“梦想森林”系列、“森林 X 计划”系列、“四小只”系列等活动。课程类别有：动植物观察课程、植树造林课程、环保课程、自然写作课程等。活动形式以体验为主，动手居多。

近年来，林场举办森林溪流自然嘉年华、铃儿花会、毛棉杜鹃花会等大型活动，并编写具有梧桐山特色的自然教育教材《梧桐山奇幻森林记》，出版趣味科普作品《广东梧桐山国家森林公园手绘昆虫记》荣获梁希科普作品二等奖，“森林 X 计划”系列活动获梁希科普活动奖，广东梧桐山“四小只”趣味科普定格动画系列获梁希科普作品三等奖等。

林场入选国家级森林体验重点建设基地全国 100 强、国家青少年自然教育绿色营地、全国林业首批生态价值转化研究实践基地、广东省十大最美森林旅游目的地之一，挂牌全国自然教育学校（基地）、广东省首批自然教育基地、广东省科普教育基地、广东省森林生态示范园区、广东省环境教育基地、广东省儿童友好基地、深圳市山海连城自然教育联盟首批成员单位、深圳市自然学校、深圳市自然教育中心、深圳市环境教育基地、深圳市儿童友好基地、深圳市盐田区青年文明号等。

9 引导员笔记